Said BENRAMACHE
Okba BELAHSSEN
Abdelghani LAKEL

Síntese Sol-Gel de filmes finos de óxido de níquel

AF376891

Said BENRAMACHE

Okba BELAHSSEN

Abdelghani LAKEL

Síntese Sol-Gel de filmes finos de óxido de níquel

ScienciaScripts

Imprint
Any brand names and product names mentioned in this book are subject to trademark, brand or patent protection and are trademarks or registered trademarks of their respective holders. The use of brand names, product names, common names, trade names, product descriptions etc. even without a particular marking in this work is in no way to be construed to mean that such names may be regarded as unrestricted in respect of trademark and brand protection legislation and could thus be used by anyone.

Cover image: www.ingimage.com

This book is a translation from the original published under ISBN 978-620-7-63918-2.

Publisher:
Sciencia Scripts
is a trademark of
Dodo Books Indian Ocean Ltd. and OmniScriptum S.R.L publishing group

120 High Road, East Finchley, London, N2 9ED, United Kingdom
Str. Armeneasca 28/1, office 1, Chisinau MD-2012, Republic of Moldova, Europe
Printed at: see last page
ISBN: 978-620-7-85342-7

Conteúdo

Conflitos de interesses

Os autores declaram não haver conflito de interesses.

Agradecimentos

Os autores gostariam de agradecer ao Pr. TIBERMACINE pela sua ajuda.

Financiamento

Os autores não receberam apoio de nenhuma organização para o trabalho submetido. Não foi recebido qualquer financiamento para ajudar na preparação deste manuscrito. Não foi recebido qualquer financiamento para a realização deste estudo.

Declaração de disponibilidade de dados

Os dados apresentados neste estudo estão disponíveis mediante pedido ao autor correspondente

Declaração de contribuição do autor

Todos os autores contribuíram para a conceção e desenho do estudo. A preparação do material, a recolha de dados e a análise foram efectuadas por Said BENRAMACHE et al., O primeiro rascunho deste livro foi escrito por Said BENRAMACHE todos os autores comentaram versões anteriores do manuscrito. Todos os autores leram e aprovaram o manuscrito final.

O óxido de níquel é um dos materiais electrocrómicos mais populares depois do óxido de tungsténio. Como material electrocrómico anódico, o óxido de níquel apresenta vantagens particulares devido à sua elevada eficiência electrocrómica. Pode ser utilizado como elétrodo complementar do WO_3. As películas de óxido de níquel têm atraído especial atenção devido à sua boa gama dinâmica (gama de operação de baixo potencial), reversibilidade cíclica (altamente estável), durabilidade e coloração, úteis para a tecnologia de janelas inteligentes [1-5]. Além disso, a preparação de películas de óxido de níquel pelo método sol-gel torna possível fabricar eléctrodos de grande área a baixo custo para produção à escala industrial.

O interesse em filmes finos de óxido de níquel está a crescer rapidamente devido à sua importância em muitas aplicações científicas e tecnológicas. Para além de atuar como material de CE, pode também ser utilizado como material de camada funcional para sensores de gás [6]. O NiO estequiométrico é um isolante com uma resistividade da ordem de 10^{13} Q.cm à temperatura ambiente [7]. A sua resistividade pode ser reduzida pelo aumento da concentração de iões Ni^{3+} resultante da adição de iões monovalentes como o lítio, pelo aparecimento de vacâncias de níquel ou pela presença de oxigénio intersticial nos cristalitos de NiO [8,9].

O principal objetivo desta memória é apresentar algumas generalidades das películas finas de NiO, tais como a definição, aplicações, algumas propriedades físicas e os diferentes métodos de deposição de películas finas de NiO. Experimentalmente, estudámos o efeito da molaridade do precursor nas propriedades estruturais, ópticas e eléctricas de filmes finos de NiO preparados pelo método Sol-Gel (Spin-Coating).

Entre as várias técnicas utilizadas para o fabrico destas películas de óxido metálico, o método sol-gel oferece muitas vantagens, tais como o processamento a baixa temperatura, o baixo custo e a facilidade tecnológica. Cavas et al. [10] utilizaram o método de revestimento sol gel Spin para fabricar junções p-n transparentes à base de NiO e ZnO como semicondutores do tipo p e do tipo n, respetivamente.

As estruturas cristalográficas e de fase das películas finas foram determinadas por difração de raios X (XRD, Bruker AXS-8D) com radiação CuKa (z 0,1541 nm) na gama de varrimento entre $29 = 25°$ e $50°$. As propriedades ópticas das películas depositadas foram medidas na gama de 300-800 nm utilizando um espetrofotómetro de ultravioleta-visível (UV, Lambda 35), e a condutividade eléctrica das películas foi medida numa estrutura coplanar obtida com a evaporação de quatro faixas douradas na superfície da película. Todos os espectros foram medidos à temperatura ambiente (RT).

O presente trabalho está dividido em três capítulos, cada um dos quais aborda um aspeto importante relacionado com as películas finas de NiO: aplicações e propriedades, experimentação, resultados e discussão.

O primeiro capítulo é dedicado a um estudo da literatura sobre definições, aplicações, algumas propriedades físicas e os diferentes métodos de deposição de filmes finos de NiO. No segundo, estudámos o método Sol-Gel (Spin-Coating). No segundo, estudámos o método Sol-Gel (Spin-Coating) para a deposição de filmes finos de NiO e as técnicas de caraterização. No final, discutimos os nossos resultados, que investigaram as propriedades estruturais, ópticas e eléctricas dos filmes finos de NiO.

Referências

[1] Yooleemi Shin, Younghun Hwang, Youngho Um, Duong Anh Tuan e Sunglae Cho, Journal of the Korean Physical Society 63 (2013) 1199-1202.

[2] Zheng Jiao1, Minghong Wu, Zheng Qin e Hong Xu, Nanotechnology 14 (2003) 458-461.

[3] E. Fujii, A. Tomozawa, H. Torii, R. Takayama, Japanese Journal of Applied Physics 35 (1996) L328

[4] H. Sato, T. Minami, S. Takata, T. Yamada, Thin Solid Films 236 (1993) 27.

[5] B. Sasi, K.G. Gopchandran, P.K. Manoj, P. Koshy, P. Prabhakara Rao, V.K. Vaidyan, Vacuum 68 (2003) 149.

[6] A.K. Roslik, V.N. Konev, A.M. Maltsev, Oxidation of Metals 43 (1995) 1.

[7] X. Chen, N.J. Wu, L. Smith, A. Ignatiev, Applied Physical Letters 84 (2004) 2700.

[8] I. Fasaki, A. Giannoudakos, M. Stamataki, M. Kompitsas, E. Gyorgy, I.N. Mihailescu, F. Roubani-Kalantzopoulou, A. Lagoyannis, S. Harissopulos, Applied Physics A 91 (2008) 487.

[9] M. Lee, S. Seo, D. Seo, E. Jeong, I.K. Yoo, Integrated Ferroelectrics 68 (2004) 19.

[10]   M. Cavas e R. K. Gupta et al. Journal of Electroceramics 31(2013) 260-264.

1.1. Introdução

O principal objetivo deste capítulo é apresentar algumas generalidades sobre as películas finas de NiO, tais como a definição de películas finas de NiO. O óxido de níquel (NiO) é um material semicondutor semitransparente do tipo p e tem uma vasta gama de aplicações, tais como sensores químicos, fotodetectores de UV e células solares sensibilizadas por corantes (DSSCs) [1-3]. As películas de NiO podem ser preparadas através de vários métodos de preparação no vácuo, incluindo a evaporação reactiva, a epitaxia por feixe molecular (MBE), a técnica de pulverização catódica por magnetrão, a deposição por laser pulsado (PLD), a deposição química de vapor, a deposição eletroquímica, a pirólise por pulverização [4-6] e a técnica sol-gel [7], que têm sido utilizados para preparar películas finas de NiO.

1.2. Camadas finas de óxidos com nanoestruturas:

Os nanomateriais são objectos que apresentam uma estrutura ordenada e periódica à escala nanométrica numa, duas ou três dimensões. Podem ser nanomateriais a granel, incluindo túneis (1-D, por exemplo, tubos de grafite), estruturas lamelares (2-D, por exemplo, argilas) ou estruturas 3-D (por exemplo, zeólitos), bem como camadas finas, nanobastões ou solues. Os nanomateriais a granel são úteis como peneiras moleculares, catalisadores e hots ou modelos para a preparação de outros materiais (hots - química de inclusão de convidados), enquanto as camadas finas são depositadas na superfície de materiais a granel convencionais, a fim de melhorar as suas propriedades físicas ou químicas (condução eléctrica, molhagem, corrosão, sorção e comportamento ótico, bem como a sua permeabilidade ou estética) ou mesmo para lhes conferir uma nova qualidade.

A importância das camadas de nanomateriais reside nas suas propriedades invulgares. As dimensões nanométricas implicam um rácio superfície/volume nitidamente mais elevado, de tal modo que os átomos da superfície em estado de não-equilíbrio influenciam acentuadamente as propriedades macroscópicas do material. Observa-se um comportamento completamente novo para as nanopartículas com diâmetro inferior a alguns nanómetros: propriedades quantizadas em termos de tamanho (por exemplo, desvio para o azul do bordo de absorção UV-Vis) resultantes do efeito de confinamento dos electrões. Consequentemente, as propriedades macroscópicas dos materiais são o resultado tanto da sua composição química como da sua estrutura específica à nanoescala. Sendo esta última essencialmente determinada pelo método e pelos parâmetros de fabrico, vários métodos nanofísicos e, nesta secção, damos uma breve descrição de alguns métodos químicos para a preparação de camadas finas. Em seguida, serão ilustrados métodos de caraterização estrutural e funcional de películas de óxidos condutores, tendo em vista aplicações específicas [8].

Além disso, os óxidos metálicos são uma classe importante de materiais: tanto do ponto de vista científico como tecnológico, apresentam oportunidades interessantes para a investigação. As películas finas são particularmente atractivas devido à sua relevância em dispositivos e também pela capacidade de realizar estudos de relações estrutura-propriedade utilizando microestruturas controladas. A complexidade composicional inerente (devido à presença de espécies iónicas) conduz a um conjunto rico de propriedades, enquanto que, em vários casos, o acoplamento da complexidade estrutural com propriedades electrónicas dinâmicas conduz a fenómenos interfaciais inesperados.

Os semicondutores de óxido estão a ganhar interesse como novos materiais que podem desafiar a supremacia do silício. Um outro domínio de investigação recente é a compreensão das interfaces nos óxidos e a forma como estas influenciam o transporte de portadores. As películas finas de óxidos são amplamente utilizadas para sondar fortes correlações electrónicas [9].

1.3.Películas finas de óxido de níquel

1.3.1. Definições

As películas finas de óxido de níquel (NiO), semicondutoras com um largo intervalo de banda, têm atraído grande atenção devido ao seu baixo custo, excelente durabilidade [10,11] e à sua vasta aplicação em diversos domínios, incluindo a catálise [12], películas electrocrómicas [13], eléctrodos para células de combustível [14], sensores de gás [15] e janelas inteligentes [16], ou como eléctrodos transparentes em ecrãs e sistemas fotovoltaicos [10-18].

O NiO pode ser utilizado como uma camada semicondutora transparente do tipo p [19,20]. Nos últimos anos, tem-se verificado um grande interesse no estudo de filmes nanocristalinos de NiO. O NiO tem uma estrutura cúbica simples e uma energia de band gap de 3,6 a 4,0 eV [18], dependendo do processo de síntese. Este óxido semicondutor tem uma estrutura de bandas complexa devido à presença de múltiplas bandas de valência (banda 3d de Ni2, 2p de O^{-2}) e de condução (banda 4s de Ni2 e banda 3s de O^{-2}) [20]. O óxido de níquel nanométrico apresenta excelentes propriedades, tais como propriedades catalíticas, magnéticas, ópticas e electroquímicas [19].

Na natureza, os óxidos de níquel podem existir em várias formas, tais como NiO, NiO2, NiO4 e Ni2O3.

Filmes finos de NiO podem ser produzidos por diversas técnicas, tais como evaporação reactiva, epitaxia por feixe molecular (MBE), técnica de magnetron sputtering, deposição por laser pulsado (PLD), a técnica sol-gel, deposição de vapor químico, deposição eletroquímica [13] e pirólise por pulverização [12], têm sido relatadas para preparar filmes finos de NiO. De entre estas, neste trabalho iremos focar-nos mais particularmente na técnica Sol-Gel (Spain-Coating) que é um método de baixo custo e adequado para a produção em larga escala, tem várias vantagens na produção de filmes finos nanocristalinos, tais como, composição relativamente homogénea, deposição simples e sobre substrato de vidro, fácil controlo da espessura do filme e microestrutura fina e porosa. É possível alterar as propriedades mecânicas, eléctricas, ópticas e magnéticas das nanoestruturas de NiO. Existem vários relatórios sobre nanoestruturas de NiO não dopadas e dopadas com diferentes elementos, tais como (Al, Ga, Mn, Ni, In, S, Co) [14-16].

1.3.2. Níquel e compostos de níquel

O níquel é um elemento metálico ferromagnético, duro, maleável, branco prateado. O níquel é um elemento do grupo VIIIB, com número atómico 28 e massa atómica 58,69 g/mol, e tem um ponto de fusão de ~ 1,453 °C e um ponto de ebulição de ~ 2,732 °C. O níquel tem diferentes estados de oxidação (0, +1, +2, +3 e +4).

A configuração eletrónica do níquel é [Ar] $4s^2\,3d^8$.

As propriedades magnéticas e químicas do níquel assemelham-se às do ferro e do cobalto. Assim, forma facilmente uma série de ligas como níquel - ferro, níquel - cobre, níquel - crómio, níquel - zinco e outras. Os compostos de níquel têm cores azuis ou verdes. O níquel pode ser ligado a muitos outros elementos, incluindo a cor, o enxofre e o oxigénio. Muitos compostos de níquel dissolvem-se facilmente em água, formando cores verdes ou azuis características. Os compostos de níquel são utilizados em dispositivos electrocrómicos, corantes, cerâmicas, baterias e catalisadores de reacções químicas.

(a) Óxido de níquel (II), NiO

A busenita de NiO tem forma mineralógica rara, consequentemente, deve ser sintetizada. Existem vários tipos de rotas para sintetizar o NiO. Entre elas, a mais conhecida é a pirólise de compostos de Ni^{2+} como o hidróxido, o nitrato e o carbonato, que produzem um pó verde claro. O aquecimento sob oxigénio em atmosfera atmosférica dá origem a um pó preto de NiO, o que significa uma não estequiometria. O NiO está incluído na estrutura do NaCl, o que significa que a estrutura do sal-gema é -colada. O grupo espacial da estrutura do NaCl NiO é Fm3m com parâmetro de rede $a = 4,1769$ A° (JC PDS , 47 -1099).

O NiO é muitas vezes não estequiométrico; a não estequiometria é acompanhada por uma mudança de cor de verde para preto devido à existência de Ni^{3+} resultante de vagas de Ni. Para demonstrar o intervalo de absorção ótica no NiO, existem duas teorias esentiel, que tratam respetivamente da transição p ^ d do oxigénio para o níquel (transferência de carga) e da transição catiónica d ^d.

O NiO e os materiais derivados do NiO têm sido utilizados em muitas aplicações, por exemplo: células de combustível, baterias de iões secundários, materiais dieléctricos e outros, o que explica a produção anual de -4000 toneladas de NiO. Tendo em conta a toxicidade, a inalação a longo prazo de NiO causa riscos para a saúde, como o cancro do pulmão [21].

(b)Hidróxido de níquel Ni(OH)₂

Os sólidos cristalinos não satisfatórios ou os sólidos amorfos por DRX, incluindo o níquel, o oxigénio, são frequentemente designados simplesmente por óxido, como se mostra na figura I.1. Existem duas fases conhecidas de $Ni(OH)_2$, nomeadamente as fases $a\text{-}Ni(OH)_2$ e $\beta\text{-}Ni(OH)_2$.

❖ O $\beta\text{-}Ni(OH)_2$ cristaliza no sistema hexagonal, sendo cada camada constituída por uma disposição hexagonal plana de iões Ni(II) com uma coordenação octaédrica de oxigénio, três átomos de oxigénio situados acima do plano de Ni e três abaixo. As camadas estão empilhadas ao longo do *eixo c*. Pensa-se que a ligação O-H é paralela ao *eixo c*, sem interação entre as ligações O-H dos diferentes planos. A célula unitária desta estrutura tem $a = 3,1$ A° (distância Ni-Ni na camada) e $c = 4,6$ A° (distância inter-estribos).

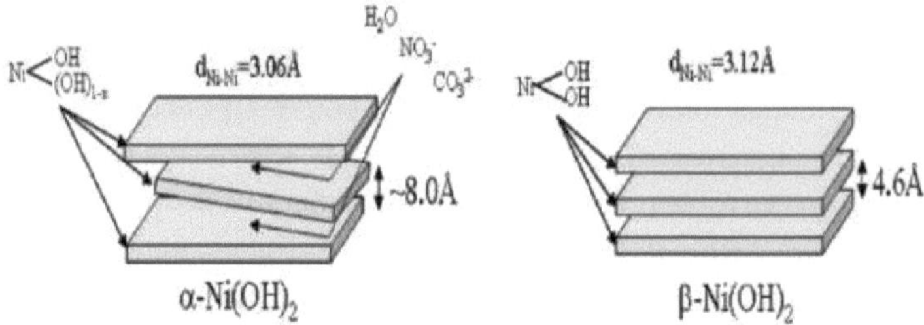

Figura I.1 *Ilustração das fases a-Ni(OH)₂ e p-Ni(OH)₂ [22].*

❖ $a\text{-}Ni(OH)_2$ é a forma de hidrato do $\beta\text{-}Ni(OH)_2$ em que as moléculas de água estão intercaladas entre a camada de Ni(OH)₂.

A distância interlamelar é mais elevada (7 A°), Bode et al. [23] desejavam que as moléculas de água intercalares tivessem uma posição definida entre as camadas onde existe um empilhamento quase compacto de O-H-H₂ O-OH. O número de moléculas de água é definido de acordo com a fórmula 3Ni(OH)₂-H₂O. Este modelo não foi desejado por Van der Ven [24], que propôs uma estrutura turbostática constituída por camadas de Ni(OH)₂ equidistantes e orientadas aleatoriamente, separadas por moléculas de água intercalares ligadas ao grupo hidroxilo por ligações de hidrogénio (ver Figura I.2).

Uma transformação de fase de a-Ni(OH)₂ para $\beta\text{-}Ni(OH)_2$ é possível por envelhecimento na sua solução-mãe ou por hidrólise. Na água, o a-Ni(OH)$_2$ turbostático parece dissolver-se lentamente na água e o *ß-Ni*(OH)$_2$ forma-se por nucleação e crescimento a partir da solução.

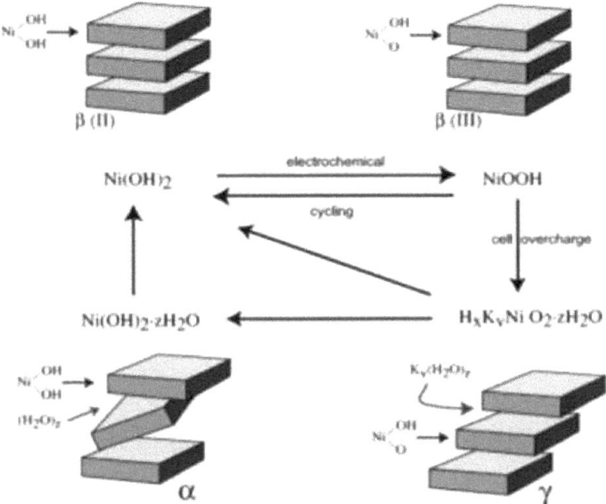

Figura I.2 *Diagrama de Bode ilustrando as diferentes variantes de Nihidróxido e as possíveis transformações de fase entre elas.*

(c) Oxihidróxido de níquel NiOOH

O Ni tem um estado de oxidação mais elevado (+3) no oxihidróxido de níquel, NiOOH, que também existe em duas fases essenciais ß-NiOOH e Y-NiOOH, ambos compostos coloridos. A fase ß-Ni(OH)$_2$ pode ser oxidada a ß-NiOOH removendo um protão e um eletrão sem deformação estrutural significativa (ver Figura I.2), o que está relacionado com a expansão de volume ($c=4,85$ A°), devido à repulsão eletrostática entre os átomos de oxigénio nas camadas adjacentes após a remoção do protão.

I.3.3. Mecanismo de coloração

O óxido de níquel (NiO) foi intensamente considerado para ser utilizado como material ativo para eléctrodos positivos de níquel em baterias recarregáveis à base de Ni, dispositivos electrocrómicos e como catalisadores promissores para a reação de evolução do oxigénio (OER). O electrocromismo dos eléctrodos à base de NiO implica, na sua forma mais simples, a oxidação reversível do Ni(II) em Ni(III), ou seja, uma transferência de um eletrão. Em todo o caso, o longo exame da eletroquímica dos óxidos e hidróxidos de Ni, o instrumento de oxidação/redução não é de longe bem conhecido para lançar alguma luz sobre o mecanismo electrocrómico, pode ser bom começar com os mecanismos propostos para os materiais de óxido de níquel a granel utilizados na bateria. A maioria dos estudos de reação baseia-se no antigo esquema de reação proposto por Bode et al. [23] para ciclos de eléctrodos de NiO em KOH.

A principal caraterística do esquema de Bode é a transição entre Ni(II) e Ni(III) por desidratação. Existem duas vias possíveis para a transição (1) ou (2), a via (1) implica uma transição de β-Ni(OH)$_2$ para β-NiOOH, sendo transferido apenas um eletrão. O elétrodo pode ser alternado entre estas duas fases, evitando a sobrecarga. Na transição a-Ni(OH)$_2$ para y-NiOOH (via 2) são transferidos pelo menos 1,3 electrões devido à valência superior do níquel na *FASE Y*. Relativamente à cinética das duas reacções, estuda-se que *A/Y* é mais rápida do que *βII/βIII*, enquanto o potencial de oxidação da última é cerca de 50 mV mais elevado do que o da primeira.

A transformação irreversível de β-NiOOH em Y-NiOOH é possível através da sobrecarga do elétrodo ou do envelhecimento em KOH. A formação de y-NiOOH está associada à expansão ou inchamento do elétrodo de hidróxido de níquel devido à maior distância entre folhas no y-NiOOH em comparação com o β-NiOOH (7 A° versus 4,85 A°). A mudança de fase de β-NiOOH para y-NiOOH pode ser associada a um aumento de 44% no volume [21,25].

I.4. Propriedades das películas finas de óxido de níquel

I.4.1. Propriedades químicas

As propriedades químicas das películas finas de óxido de níquel (NiO) foram essencialmente relatadas em eletrólito alcalino, geralmente eletrólito aquoso de K-OH, geralmente eletrólito aquoso de K-OH:

A superfície das partículas de NiO foi transformada em Ni(OH)$_2$ como mostra o esquema abaixo (ver Figura I.3) enquanto o potencial é aplicado, na reação eletroquímica do Ni(OH)$_2$ e NiOOH, que então tem lugar exibindo o comportamento electrocrómico entre branqueados.

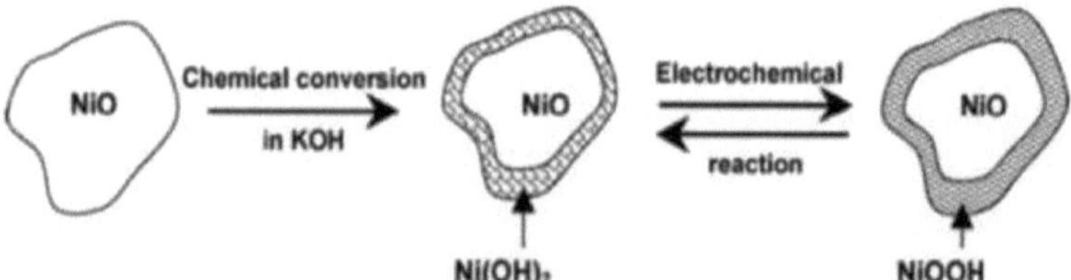

Figura I.3 Diagrama esquemático do NiO sob reação química e eletroquímica.

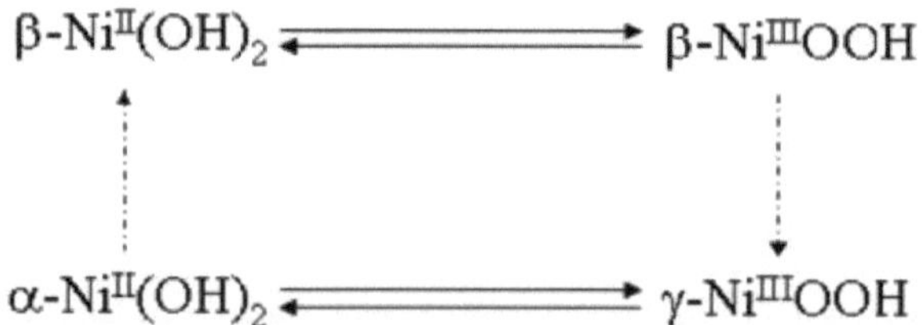

A figura I.4 mostra a reação geral de oxidação/redução para o elétrodo de NiO hidratado num eletrólito aquoso de K-OH, tal como proposto por Bode et al. [23], apresentado na figura (08). O esquema de Bode relata que a transformação entre Ni(II) e Ni(III) foi a principal caraterística, esta figura ilustra as duas reacções essenciais de Oxidação/Redução, que são a-Ni(OH)$_2$ / Y-NiOOH (a / Y) e a transformação 6-Ni(OH)2/B-NiOOH *(6II/6III)*. As fases 6-Ni(OH)2 e B-NiOOH são observadas durante o ciclo. No entanto, foi conservada uma fase intermédia de B-NiOOH para y-NiOOH, que é irreversível e resulta de um excesso de carga de B-NiOOH [21].

1.1.2. Propriedades ópticas

A análise dos espectros de observação ótica é uma das ferramentas mais importantes para compreender e desenvolver a estrutura de bandas e o intervalo de bandas de energia, *por exemplo,* da estrutura cristalina. A caraterização ótica foi realizada utilizando um espetrofotómetro UV-VIS-NIV [26].

A medição da transmitância in situ foi realizada durante a medição eletroquímica no comprimento de onda (z=550 nm) utilizando um espetrofotómetro UV-Vis-NIR (Lambda 950) [26] a partir da variante da transmitância espetral dos lâminas na célula de três eléctrodos em ângulo de incidência normal contra uma célula de referência que tem um substrato de vidro global nos dispositivos é medida na gama espetral de 300 a 3000 nm contra o ar como referência.

A variação da densidade ótica (AOD) foi calculada pela transmitância medida das camadas ou do dispositivo no estado colorido (TC) e branqueado (Td) através da aplicação desta equação, AOD=log 10 (T /T_{bC}) [21].

♦♦♦ Transparência

Para além da reversibilidade, a mudança de cor na luz visível é uma das principais características do processo electrocrómico. Quanto maior for o aumento da reação de contraste de transmissão entre os filmes electrocrómicos de coloração e branqueamento (T_p; T_c), maiores serão os coeficientes do dispositivo electrocrómico. Para efeitos de referência, a transmissão dos substratos de vidro e FTD/vidro foi analisada em relação ao ar, na gama do visível, a um comprimento de onda que varia entre 290 e 800 nm. A transmitância da luz durante a medição CV (coloração e branqueamento) foi efectuada a um comprimento de onda de 550 nm para o ciclo n.º 29 e 30. O comprimento de onda de 550 nm foi escolhido porque representa a sensibilidade máxima de luminância para o olho humano.

1.1.3. Propriedades estruturais

O monóxido de níquel pertence aos óxidos metálicos de transição 3d com uma estrutura NaCl e uma densidade de 6700 kg m^{-3} . O NiO estequiométrico é um isolante anti-ferromagnético. No entanto, tal como os outros óxidos de metais de transição, o NiO tem uma estrutura defeituosa com excesso de oxigénio e vacâncias de níquel [27]. Isto provoca a oxidação do Ni^{2+} em Ni^{3+} em torno das vacâncias de níquel, o que empurra o nível de Fermi para o topo da banda de valência (banda 2p do oxigénio) [28] e o monóxido comporta-se como um semicondutor do tipo p. A condução é explicada como sendo o resultado da migração destas vacâncias. Estas vacâncias também conferem uma atividade catalítica ao monóxido de níquel [27]. A banda de valência consiste em bandas 3d de níquel localizadas com uma largura de 4,3-4,4 eV [27,28] a cerca de 2eV acima do nível de Fermi a -8,74 eV. O intervalo de banda entre a banda de valência e a banda de condução é de cerca de 0,2 eV. A presença de vacâncias de níquel, para além de outras impurezas como OH^{-1} , co_3^{-2} no monóxido de níquel defeituoso, afecta a estrutura eletrónica do átomo de oxigénio, sendo observados por XPS picos extra de O 1s com maior energia de ligação, para além dos picos típicos de O 1s do oxigénio no NiO estequiométrico. [27]. O NiO é transparente na forma de película fina.

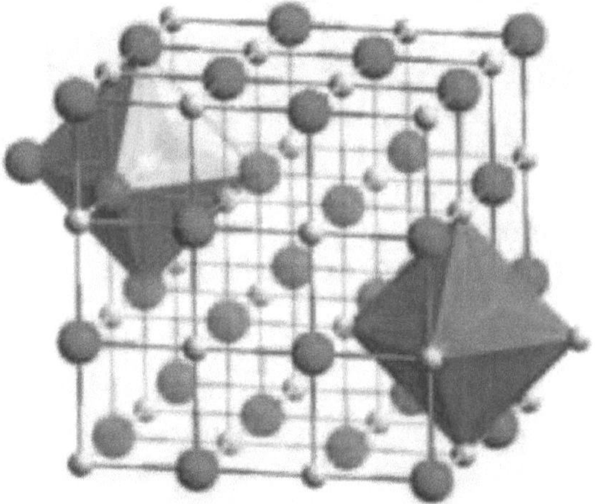

Figura I.5 *Estrutura cristalina do óxido de níquel.*

1.1.4. Propriedades eléctricas

Fasaki et al. [29] estudaram as propriedades estruturais, eléctricas e mecânicas de filmes finos de NiO crescidos por deposição de laser pulsado, observaram que a resistividade é afetada pela temperatura do substrato, principalmente a temperaturas superiores a 200 °C, e aumenta com a temperatura do substrato. Verificaram que a condutividade eléctrica do NiO está fortemente relacionada com a formação de defeitos microestruturais no interior dos cristalitos de NiO, tais como as vacâncias de níquel e o oxigénio intersticial, e que a diminuição da concentração e da mobilidade dos portadores é induzida por defeitos microestruturais nas películas. O óxido de níquel não estequiométrico é conhecido como um semicondutor do tipo p, no qual ocorrem vacâncias nos sítios catiónicos. A partir de cada vaga de catião, formam-se dois buracos de electrões. Os portadores existentes nos filmes de NiO são buracos de electrões, que são responsáveis pela condutividade eléctrica do óxido de níquel não dopado. A resistividade é inversamente proporcional ao produto da concentração de portadores pela sua mobilidade. A diminuição da resistividade pode ser explicada pela melhoria da estequiometria do filme.

Alver et al. [30] investigaram a síntese e caraterização de filmes finos de NiO dopados com boro produzidos por pirólise por spray. Obtiveram uma resistividade eléctrica na gama de 0 a 19 Q.m. Verificaram que a resistividade dos filmes de NiO dopados com boro com dopagem por temperatura de recozimento é mais baixa do que sem dopagem, quando introduziram átomos de boro na matriz de ZnO. A diminuição da resistividade pode dever-se principalmente à substituição de B3+ por Ni2+ nas redes, o que proporciona mais electrões livres para o mecanismo de condução. Resultados semelhantes foram obtidos em [31-34].

1.5. Métodos de deposição de películas de Nio thim

As películas finas de NiO podem ser preparadas e depositadas por várias técnicas; os principais métodos são classificados em químicos húmidos, deposição física de vapor, deposição química de vapor, e os mais comuns são os seguintes:

1.5.1. Produto químico húmido

Incluindo, entre outras, as técnicas de banho químico e as técnicas de gel sol, que são um processo químico húmido que envolve a utilização de uma solução química precursora que reage para produzir uma solução coloidal (Sol), que depois forma um sólido contínuo (Gel) após a evaporação do solvente:

a) ***Dip Coating:*** imersão do substrato numa solução química precursora seguida de evaporação e recozimento para produzir a camada de óxido metálico.

b) ***Revestimento por centrifugação:*** o precursor é largado no centro de um substrato giratório que se espalha rapidamente e evapora o solvente.

1.5.2. Deposição física de vapor

A PVD é a grande variedade de técnicas utilizadas para depositar películas finas num substrato através de processos puramente físicos, envolvendo a condensação de uma forma vaporizada do material:

a) ***Deposição por evaporação:*** o aquecimento resistivo é utilizado para vaporizar o material que é depois depositado num substrato.

b) ***Deposição de vapor por feixe de electrões:*** um feixe de electrões de alta energia bombardeia o material da amostra provocando a sua vaporização.

c) ***Revestimento por pulverização catódica:*** envolve a utilização de uma descarga de plasma para vaporizar o material.

d) ***Deposição por laser pulsado:*** um impulso de laser de alta energia provoca a evaporação do material.

1.5.3. Deposição química de vapor

A CVD é a técnica mais utilizada para a formação de películas finas de matrizes TCO, sendo o tipo comum de CVD o seguinte:

a) ***APCVD:*** A CVD à pressão atmosférica utiliza o aquecimento do precursor para gerar uma pressão de vapor que é transportada através de um fluxo de gás de transporte para um substrato aquecido para reação (realizada à pressão atmosférica).

b) ***LPCVD:*** O CVD de baixa pressão utiliza a pressão de vapor dos precursores em condições de baixa pressão, para ajudar a transportar a reação com um plasma gerado na câmara de reação, para melhorar a reação dos precursores.

c) ***Pirólise por pulverização:*** é considerada uma modificação da deposição de vapor, utilizando novamente uma pulverização fina de solução precursora (gerada por um bico de pulverização que utiliza gás comprimido) que fornece as moléculas orgânicas metálicas precursoras à superfície do substrato para reação térmica e formação de película.

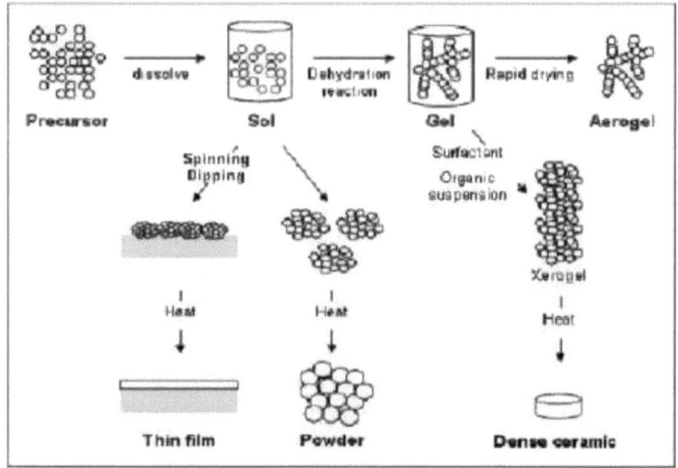

Figura I.6 *Representação esquemática do processo sol-gel para sintetizar filmes finos, nanomateriais e cerâmicas.*

1.5.4. Processo Sol-Gel:

A conotação de "Sol-Gel" criada a partir de:

Sol: significa a evolução de redes inorgânicas através da formação de uma suspensão chamada oidal.

Gel: indica a gelificação do sol para formar redes numa fase líquida contínua.

A técnica Sol-Gel é geralmente utilizada para depositar películas finas, sintetizar não materiais e cerâmicas. As etapas típicas envolvidas no processamento sol-gel são mostradas no diagrama esquemático da Figura I.6 [25].

a) Revestimento por rotação (SC)

A solução (solução sol-gel, por exemplo) é colocada no substrato e, em seguida, o substrato é rodado de modo a espalhar a solução por força centrífuga. Nesta fase, pode ser utilizado gás soprado na direção do substrato durante a rotação. A espessura da película pode ser controlada através da variação da velocidade de rotação, do tempo de rotação e da viscosidade da solução de revestimento. O solvente utilizado é geralmente volátil e evapora-se simultaneamente. A máquina utilizada para o revestimento por rotação é designada por spin coater ou spinner. A Figura I.7 ilustra um processo de revestimento utilizando uma máquina de spin coater ou spinner.

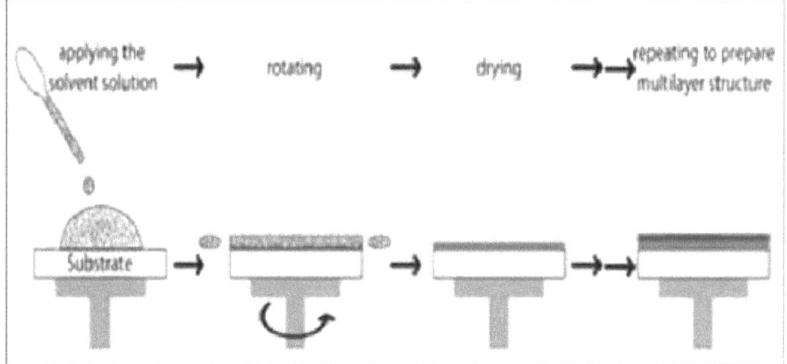

Figura I.7 Um processo de revestimento por rotação: aplicação da solução no substrato, rotação do substrato e secagem. A repetição deste processo conduz a uma estrutura multicamada.

b) Revestimento por imersão

O revestimento por imersão é uma técnica prática e económica para a deposição de películas finas à escala industrial. A Figura I.8 representa a imersão do substrato na solução de revestimento (solução sol-gel, por exemplo), a formação de uma camada húmida retirando o substrato e a gelificação da camada por evaporação do solvente.

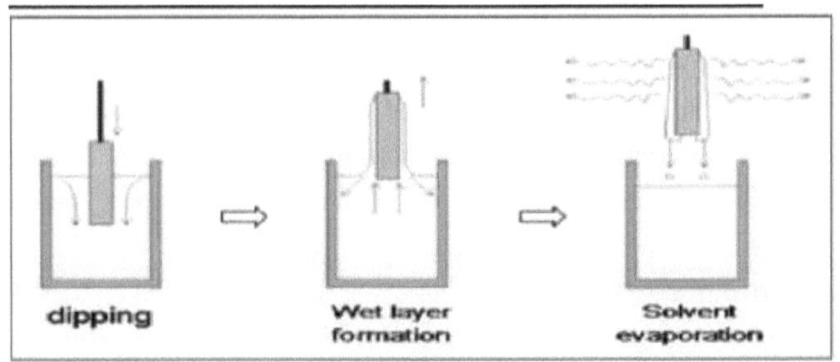

Figura I.8 *O esquema mostra as fases do processo de revestimento por imersão*

O substrato é primeiro imerso na solução de revestimento a uma velocidade constante. O substrato é então envelhecido dentro da solução e depois puxado para cima. A película fina cresce sobre o substrato durante a tração a velocidade constante. Finalmente, o substrato puxado para cima é envelhecido no ar para evaporar o solvente do líquido, formando uma película fina. A espessura da película (h), que depende da velocidade de tração (v) e da viscosidade da solução de revestimento (n), pode ser determinada utilizando a equação de Landau-Levich (I.1)

$$h = 0.94(\eta.v)^{2/3} / \gamma_{LV}^{1/6} (\rho.g)^{1/2}$$

$$(I.1)$$

em que γ_{LV} = tensão superficial líquido-vapor, p = densidade do líquido e g = gravidade.

1.6. Domínio de aplicação

A motivação para todos os esforços de desenvolvimento de materiais electrocrómicos é a sua potencial aplicação técnica. Alguns deles já chegaram ao mercado, como os espelhos retrovisores para automóveis e veículos. Seguem-se os vidros electrocrómicos, cujas principais áreas são a automóvel e a arquitetónica, sendo a automóvel o ponto de entrada mais provável devido às suas dimensões mais reduzidas, embora seja necessário ter uma elevada transmitância do estado branqueado (mais de 70%), um requisito que não é tão crítico para as aplicações arquitectónicas. Por último, os dispositivos de visualização. Algumas outras aplicações deverão ser utilizadas no futuro, como os óculos oftálmicos CE [35]. Em geral, os ECD não são tão comuns nos mercados devido à falta de técnicas de fabrico adequadas e à durabilidade dos dispositivos disponíveis.

1.6.1. Janela inteligente

Trata-se de uma das aplicações mais importantes, que funciona como filtro de luz e de calor para os vidros exteriores dos edifícios, conduzindo a uma redução do consumo de combustíveis fósseis. Tem a estrutura típica de cinco camadas de dispositivos EC apresentada acima (ver Figura I.9). A principal vantagem de um vidro EC é a capacidade de controlo dinâmico da transmitância do vidro. No verão, é utilizado para rejeitar o máximo possível de radiação infravermelha para reduzir o custo do ar condicionado, enquanto no inverno é ajustado para passar o máximo possível de radiação infravermelha para aquecer o local interior. Isto tem grandes benefícios económicos. Uma das principais vantagens do envidraçamento elétrico é o controlo dinâmico do estado da cor, pelo que pode proporcionar isolamento e privacidade durante a noite e pode também ser ajustado para reduzir o encandeamento. São necessários vários critérios para aplicações de janelas inteligentes electrocrómicas. Estes são resumidos da seguinte forma:

• Variação contínua da transmitância solar e ótica, da reflectância e das absorções entre os estados branqueado e colorido,

• Rácio de contraste (CR) de pelo menos 5 : 1,

• Tempos de coloração e branqueamento (velocidade de comutação) de alguns minutos,

• Temperaturas de funcionamento da superfície do vidro de -20 °C a +80 °C,

• Comutação com tensões aplicadas de 1 a 5 V,

• Memória de circuito aberto de algumas horas (mantém um estado fixo de transmitância)

• Sem impulsos de tensão de correção),

• Cor neutra aceitável,

• Grande área com excelente nitidez ótica,

• Desempenho sustentado ao longo de 20-30 anos,

• Custo aceitável.

Os vidros para automóveis, como os tectos de abrir e as janelas laterais, têm uma vantagem sobre os vidros arquitectónicos devido ao seu tamanho mais pequeno e ao menor tempo de vida necessário, embora os limites superiores de temperatura sejam mais elevados (90-100 °C). Resumo dos requisitos importantes para os vidros utilizados no envidraçamento de automóveis (teto de abrir e janelas laterais) Quadro 2.1: Requisitos importantes para os vidros utilizados em automóveis (teto de abrir e janelas laterais).

Tabela I.1 Requisitos importantes para vidros utilizados em automóveis (teto de abrir e janelas laterais) [36].

Visible transmittance	Bleached 41-70%, colored 20-10%
IR reflection	Colored > 70%
Response time	<15 min, but preferably <2 min
Cycling life time	At least >2x104 but preferably >105 cycles
Shelf life time	>5 years, preferably 10 years
Operating temperature	Preferably -40 to +100

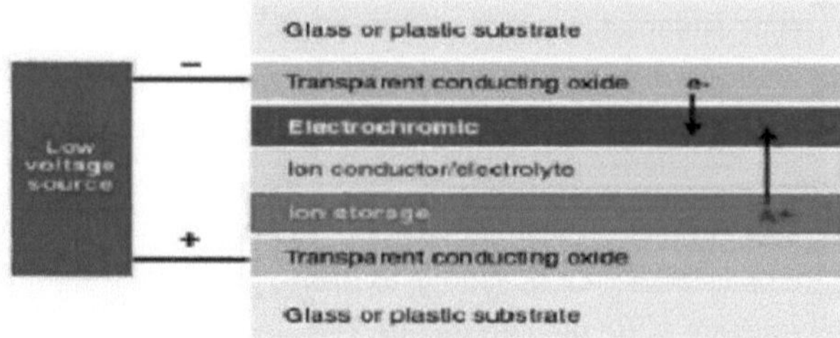

Figura I.9 *Dispositivo electrocrómico típico de 5 camadas*

1.6.2. Ecrãs de informação não emissivos

O dispositivo de visualização de informação electrocrómica mantém as mesmas estruturas padrão de 5 camadas dos dispositivos electrocrómicos, com a diferença de que a camada electrocrómica é incorporada em frente a uma superfície de dispersão difusa. A camada electrocrómica pode ser modelada [37]. Esta aplicação foi proposta aquando da descoberta do fenómeno electrocrómico, mas os problemas de durabilidade, bem como os progressos nos dispositivos baseados em cristais líquidos, levaram a um domínio total destes últimos. A relação de contraste, definida como a relação entre a intensidade da luz reflectida difusamente através do estado branqueado do ecrã e a intensidade da luz reflectida difusamente a partir do estado colorido, é um parâmetro importante para avaliar o desempenho dos dispositivos de visualização. Requisitos para que os materiais electrocrómicos possam ser utilizados em dispositivos comerciais [38].

* Um rácio de contraste elevado,
* Alta eficiência de coloração,
* Ciclo de vida longo,
* Elevada eficiência de apagamento de escrita,
* Tempo de resposta rápido.

O papel eletrónico é apenas um caso especial de ecrã electrocrómico em que as imagens digitalizadas podem ser formadas dirigindo impulsos de tensão aos eléctrodos dos pixels, em contacto com um papel que incorpora uma espécie electrocrómica e um eletrólito, sendo o lado sem imagem simplesmente uma superfície que inclui o contra-elétrodo [39]. Foram propostos sistemas de impressão baseados neste fenómeno [40,41]. No primeiro estudo rigoroso de um papel electrocrómico [39], o metilvioleno (MV) foi incorporado num papel sob a forma de solução aquosa e no eletrólito viscoso de poliAMPS. A disponibilidade do VM para a transferência de electrões foi investigada por voltametria cíclica num elétrodo de disco de platina estacionário. O breve estudo da eletroquímica do azul da prússia (PB) e do metilviolongo em papel foi publicado por Rosseinsky e Monk em 1989 [41], em que os electrocromos metilviolongo, 1- metil-1'-hipoxietilfenilviolongo e PB foram imobilizados separadamente no papel, sendo o elétrodo de trabalho um carbono vítreo. A conclusão foi que a resposta voltamétrica dos três electrocromos era essencialmente a mesma no papel e em solução, embora com complexidades causadas pela queda do iR e pela humidade flutuante.

1.6.3. Espelho electrocrómico

Esta é a aplicação electrocrómica mais madura e já está disponível no mercado como espelhos retrovisores e laterais para automóveis e veículos. Durante o dia, o espelho retrovisor é ajustado de modo a que o componente electrocrómico esteja no estado branqueado com um reflexo da parte reflectora traseira do espelho. Durante a noite, o espelho é ligado quando os faróis atrás do carro apenas atingem um sensor fotossensível na superfície de vidro frontal do espelho. Uma vez que a luz tem de passar duas vezes por um meio absorvente, a refletividade do sistema é baixa e o encandeamento é significativamente reduzido. A função dos espelhos electrocrómicos foi intensamente debatida por Baucke [42,43].

1.7.Conclusão

Os compostos de hidróxido de níquel são amplamente utilizados como cátodos em pilhas alcalinas primárias e secundárias. Existem várias formas diferentes de hidróxido de níquel, cada uma delas diferindo na estrutura cristalina e na composição. As variantes importantes do hidróxido de níquel são referidas como B-NiOOH, 0-Ni(OH)2, Y-NiOOH e a-Ni(OH)2. Nos últimos anos, tem-se verificado um grande interesse na investigação de películas nanocristalinas de NiO. O NiO é um candidato promissor para a produção de películas condutoras semitransparentes do tipo p, com uma estrutura cúbica simples e uma energia de banda larga de 3,6 a 4,0 eV. As características mais atraentes do NiO são: excelente durabilidade, estabilidade eletroquímica, baixo custo do material, material promissor de armazenamento de iões em termos de estabilidade cíclica, densidade ótica de grande amplitude e possibilidade de fabrico através de uma variedade de técnicas. De entre estas, neste trabalho iremos focar-nos mais particularmente na técnica sol-gel devido à sua simplicidade e adequação para produção em larga escala; tem várias vantagens na produção de filmes finos nanocristalinos, tais como, composição relativamente homogénea com microestrutura fina e porosa, uma deposição simples em substrato de vidro. É possível alterar as propriedades mecânicas, eléctricas, ópticas e magnéticas das nanoestruturas de NiO.

Referências

[1] I. Hotovy, J. Huran, P. Siciliano, S. Capone, L. Spiess, V. Rehacek, Sensor Actuator, B78 (2001) 126-132.

[2] Q. Yang, J. Sha, X. Ma, D. Yang, Materials Letters 59 (2005) 1967- 1970.

[3] A. Echresh, C.O. Chey, M.Z. Shoushtari, V. Khranovskyy, O. Nur, M. Willander, Journal of Alloys and Compounds 632 (2015) 165-171.

[4] R. Sharma, A.D. Acharya, S.B. Shrivastava, T. Shripathi, V. Ganesan, Optik 125 (2014) 6751-6756.

[5] Yanning Liu, Chunyang Jia, Zhongquan Wan, Xiaolong Weng, Jianliang Xie, Longjiang Deng,Solar Energy Materials and Solar Cells, Volume 132, janeiro de 2015, Páginas 467-475

[6] H.W. Park, J.H. Bang, K.N. Hui, P.K. Song, W.S. Cheong, B.S. Kang, Materials Letters, Volume 74, 1 de maio de 2012, Páginas 30-32

[7] N. Wang, C.Q. Liu, B. Wen, H.L. Wang, S.M. Liu, W.P. Chai, Materials Letters, Volume 122, 1 de maio de 2014, Páginas 269-272

[8] L. Naszalyi Nagy, Preparação e caraterização de camadas finas nanoestruturadas funcionais compostas por sílica, ZnO e partículas de sílica/ZnO com núcleo/casca, JULHO 2008.

[9] S. Ramanathan, Thin Films Metal-Oxides, Universidade de Harvard, Escola de Engenharia e Ciências Aplicadas, LLC 2010.

[10] A. Boukhachem, R. Boughalmi, M. Karyaoui, A. Mhamdi, R. Chtourou, K. Boubaker, M. Amlouk, Materials Science and Engineering B 188 (2014) 72-77.

[11] A. Echresh, C.O. Chey, M.Z. Shoushtari, V.Khranovskyy, O. Nur, M. Willander, Journal of Alloys and Compounds 632 (2015) 165-171.

[12] Ying Wu, Yiming He, Tinghua Wu, Tong Chen, Weng, Huilin Wan, Materials letters 61(2007) 3179-3178.

[13] Kyung Ho Kim, Chiaki Takahashi, Yoshio Abe, Midori Kawamura , Optik 125 (2014) 2899-2901

[14] Qing Yang, Jian Shaa, Xiangyang Ma, Deren YangMaterials Letters 59 (2005) 1967 - 1970.

[15] M. Cavas & R. K. Gupta & Ahmed. A. Al-Ghamdi & Z. Serbetci & Zarah H. Gafer & Farid El-Tantawy & F. Yakuphanoglu , J Electroceram (2013) 31:260264.

[16] Vikas Patil, Shailesh pawar, Journal of Surface Engineered Materials and

Advanced Technology, 2011, 1, 35-41.

[17]   I. Sta, M. Jlassi, M. Hajji, H. Ezzaouia, Thin Solid Films 555 (2014) 131-137.

[18]   N. Wang, C.Q. Liu, B. Wen, H.L. Wang, S.M. Liu, W.P. Chai, Materials Letters 122 (2014) 269-272.

[19]   A.A. Al-Ghamdi, Waleed E. Mahmoud, S.J. Yaghmour, F.M. Al-Marzouki, Journal of Alloys and Compounds 486 (2009) 9-13.

[20]   Atif Mossad Ali, Rasha Najmy, Catalysis Today 208 (2013) 2-6.

[21]   Amal Alkahlout, tese de doutoramento, "Electrochromic properties and coloration mechanisms of sol-gel NiO-TiO2 layers and devicesbuilt with them", Saarbrucken 2006.

[22]   P. Oliva, J. Leonardi, J. F. Laurent, C. Delmas, J. J. Braconnier, M. Figlarz, F. Fievet e A.de Guibert, J. Power Sources, 8 (1982) 229.

[23]   H. Bode, K. Dehmelt e J. Witte, Electrochim. Ata 11(8) (1966) 1079-1087

[24]   A. Van der Ven, D. Morgan, Y. S. Meng, e G. Ceder, Journal of The Electrochemical Society, 1532 A210-A215 2006.

[25]   Atheer Yousef Saleh Abu-Yaqoub, tese de doutoramento, "Electrochromic Properties of Sol-gel NiO - based films", Universidade Nacional An-Najah, Nablus, Palestina. 2012

[26]   I. Sta, M. Jlassi, M. Hajji, H. Ezzaouia, Thin Solid Films, Volume 555, 31 de março de 2014, Páginas 131-137

[27]   K.-S. Lee, H.-J. Koo, K.-H. Ham, W.-S. Ahn, Bull.Korean.Chem.Soc., 16 (1995) 164-177.

[28]   S. Hufner, T.riserer, Physical Review B, 33 (1986) 7267-7271.

[29]   I. Fasaki, A. Koutoulaki, M. Kompitsas, C. Charitidis, Applied Surface Science 257 (2010) 429-433.

[30]   U. Alver, H. Yayka> sli, S. Kerli e A. Tanriverdi, International Journal of Minerals, Metallurgy andMaterials Volume 20, Número 11, novembro de 2013, Página 1097

[31]   B.A. Reguig, A. Khelil, L. Cattin, M. Morsli, e J.C. Bern'ede, Appl. Surf. Sci., 253(2007), p. 4330.

[32]   B.N. Pawar, G. Cai, D. Ham, R.S. Mane, T. Ganesh, A. Ghule, R. Sharma, K.D. Jadhava, e S.H. Han, Sol. Energ. Mater. Sol. Cells, 93(2009), p. 524.

[33]   Y.M. Lu, W.S. Hwang, J.S. Yang, Surface & Coatings Technology 155 (2002) 231.

[34]   Z. Xuping, C. Guoping, Thin Solid Films 298 (1997) 53.

[35]   Nada A. O' Brien, J. Gordon, H. Mathew, Bryant P. Hichwa, Thin Solid Films, Volume 345, Número 2, 21 de maio de 1999, Páginas 312-318

[36]   J. Livage, D. Ganguli, Solar Energy Materials & Solar Cells, 84 (2004) 315.

[37]   C.G. Granqvist, Handbook of Inorganic Electrochromic Materials. (1995) Amesterdão, Elsevier.

[38]   T. Seike, J. Nagai, Solar Energy Materials, 22 (1991) 107.

[39]   R.J. Warren, P. Christopher, Journal of Electroanalytical Chemistry, 460 (1999) 263.

[40]   P.M.S. Monk, R.J. Mortimer, D.R. Rosseinsky, Electrochromism: Fundamentals and Applications. (1995) Weinheim, VCH.

[41]   D.R.R. Monk, L. Jacaranda, Journal of Electroanalytical Chemistry, 270 (1989) 473.

[42]   F.G.K. Baucke, K Bange, T Gambke, DISPLAYS, (1988) 179.

[43]   F.G.K. Baucke, Solar Energy Materials & Solar Cells, 19 (1987) 67.

II.1.Introdução

No presente estudo, investigámos a variação dos detalhes experimentais e das técnicas de caraterização, que foram utilizadas neste estudo. Os detalhes experimentais podem ser divididos em duas secções relacionadas com a deposição e a caraterização dos filmes finos de NiO. A primeira secção descreve o procedimento de preparação das amostras. No entanto, na segunda parte, descrevemos também os vários métodos adoptados para a caraterização das películas finas de NiO. As propriedades estruturais, eléctricas e ópticas foram estudadas em função da temperatura de recozimento.

11.2. Elaboração

Na primeira secção, discutimos como utilizar o processo de revestimento por spin sol gel para obter películas finas de NiO e falamos sobre os passos do processo de limpeza do substrato (para obter uma boa aderência e uniformidade para as películas) e a preparação da solução Sol-Gel para as películas de NiO. Neste trabalho, estudámos o efeito da dopagem com Co nas propriedades estruturais, ópticas e eléctricas das películas finas de NiO.

11.2.1. Método de revestimento por centrifugação

Na Figura II.1 apresenta-se a técnica de revestimento de Espanha que pode ser utilizada para a preparação de filmes finos de NiO, o que permite investigar os nossos filmes com boas propriedades electroquímicas. Por outro lado, sabe-se que o método sol-gel é simples e barato, o que permite obter produtos de elevada pureza e boa homogeneidade. Neste método, os tensioactivos, os solventes, a reação, o tempo, a velocidade e a temperatura são os principais factores para obter estruturas adequadas com um desempenho eletroquímico notável. Consiste essencialmente nas quatro etapas seguintes [1]:

(1) Preparação das soluções precursoras;

(2) Formação dos produtos intermédios sol;

(3) Conversão de sol para gel;

(4) Cálculos.

Figura II.1 O método de revestimento por centrifugação

11.2.2. Vantagens do Sol-gel

O surgimento e o desenvolvimento do processo sol-gel progrediram ao ponto de a química principal na preparação do vidro ser facilmente obtida a baixa temperatura no laboratório, uma vez que a mistura inicial é feita a nível molecular. Uma vantagem distinta do processo sol-gel em relação aos processos convencionais, como CVD e pulverização catódica, é a capacidade de adaptar o volume dos poros, a dimensão dos poros e a área de superfície da película depositada. Outras vantagens incluem a homogeneidade melhorada, níveis mais baixos de impurezas e temperaturas de formação mais baixas. A capacidade de sintetizar uma vasta gama de composições e de misturar materiais biológicos e químicos é também um domínio em que o sol-gel se destaca [2].

11.2.3. Preparação do substrato:

- *Substratos de vidro*

Durante este estudo, as películas finas de Sol-Gel NiO foram depositadas em substratos de vidro (ver Figura II.2), que têm um comprimento de 2,5 cm e uma largura de 2,5 cm:

- A compatibilidade térmica com o NiO (os coeficientes de dilatação térmica são um vidro $=8,5 \times 10^6 \ K^{-1}$, para minimizar os constrangimentos com a interface película/substrato,

- Pela sua transparência, que se adapta bem à caraterização ótica de películas no visível.

- Por razões económicas.

A fim de obter uma boa aderência e uniformidade das películas.

Figura II.2 *Substratos de vidro*

• *Processo de limpeza do substrato*

A aderência e a qualidade do depósito dependem da pureza e do estado do substrato, pelo que a limpeza do substrato é uma das etapas mais importantes para remover quaisquer compostos orgânicos contaminados:

• Os substratos são cortados com uma caneta com ponta de diamante.

• Lavar com uma solução de sabão para limpar o pó e os acessórios.

• Lavagem com água destilada para remover o sabão e, em seguida, com acetona durante 2 minutos.

• Enxaguar novamente com água destilada.

• Lavagem com etanol durante 2 minutos à temperatura ambiente.

• Limpeza num banho de água destilada.

• Os substratos foram então deixados a secar ao ar para serem utilizados no processo sol-gel/spin-coating.

11.2.4.   Preparação da solução:

O nitrato de níquel desidratado ($Ni(NO_3)_2, 2H_2O$) foi utilizado como material de partida, dando origem a uma solução homogénea e estável com uma concentração de 0,8 mol/L. As soluções de revestimento de NiO foram preparadas misturando 3,565 g de nitrato de níquel desidratado, que foi dissolvido em 50 ml de água destilada. O HCl foi introduzido na solução, gota a gota, com ácido acético como estabilizador para formar a solução precursora e a mistura foi agitada por um agitador magnético a 50 °C durante 3 horas até se obter uma solução clara, transparente e homogénea. Em seguida, deixou-se envelhecer durante 24 horas, até se obter uma solução límpida e homogénea, de cor transparente esverdeada. Em seguida, foi utilizada para a etapa de revestimento por centrifugação.

Figura II.3 Nitrato de níquel (II)

Tabela (II-1): *Propriedades físicas e químicas do cloreto de níquel [3]*

Denominação química	Nitrato de níquel desidratado
Fórmula molecular	$Ni(NO_3)_2, 2H_2O$
Peso molecular	**129,60g/mol**
Cor	**Verde**
Densidade	$2,05g/cm^3$
Ponto de fusão	**56.7 °C**

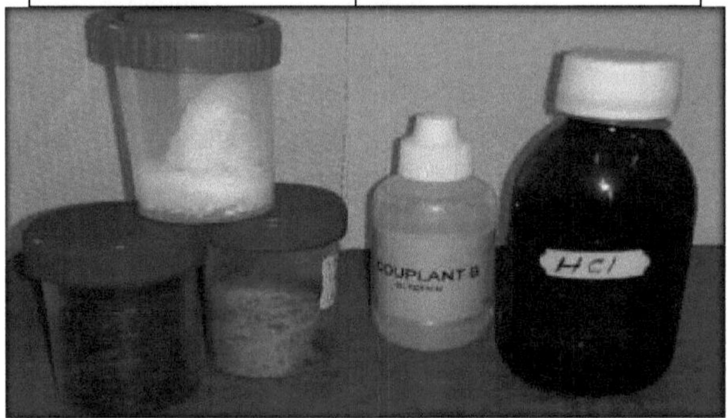

Figura II.4 Materiais experimentais

Figura II.5 *A solução na mistura à temperatura de 50°C em 0ar.*

11.2.5.   Deposição de películas finas:

As películas finas de NiO foram sintetizadas pelo processo Spin Coating utilizando uma solução para estudar o efeito da espessura da película na película fina de NiO, que foi depositada em diferentes números de camadas de 13, 14, 15, 16 e 16 (ver Tabela III.3).

O substrato foi rodado utilizando o spin coater; o spinner atingiu 3000 rpm durante 30s, e a temperatura de pré-tratamento de 150 °C durante 3 h é necessária para a evaporação dos solventes orgânicos e o início da formação e cristalização da película de NiO. Finalmente, as películas de NiO foram colocadas num forno e recozidas ao ar a 600 °C durante 2 h, para reduzir o NiO a partículas de Ni e melhorar a condutividade eléctrica do NiO.

Tabela II.3 *Condições experimentais de preparação de películas finas de NiO*

Amostras	Concentração da solução (M)	Número de camadas	Hora do depósito (segundos)	Velocidade de Deposição (rpm)	Pré Aquecimento (°C)	Pos-aquecimento (°c)
1		13	30-40	3000	150	600
2		14	30-40	3000	150	600
3	0.8	15	30-40	3000	150	600
4		16	30-40	3000	150	600
5		17	30-40	3000	150	600

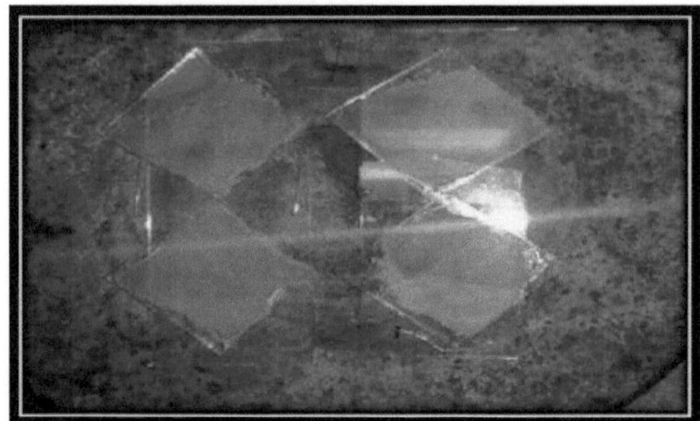

Figura II.6 *O substrato na placa de aquecimento a 150 °C durante 30 min.*

Figura II.7 *O substrato no forno ao ar (pós-aquecimento a 540 -560 -580-600°C durante 2 h)*

Figura II.8 *O substrato após o aquecimento*

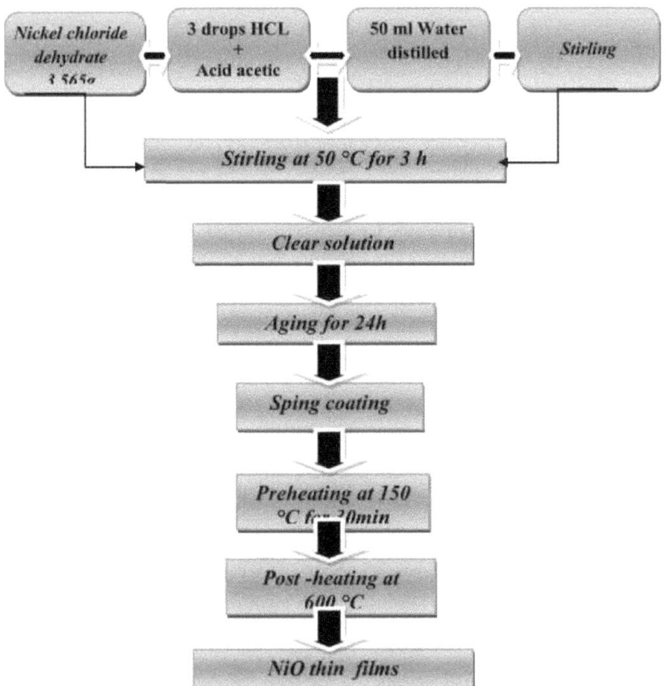

Figura II.9 *Fluxograma do método sol-gel para a preparação de películas finas de NiO.*

11.3. Caracterização dos filmes:

A microestrutura, as propriedades eléctricas e ópticas das películas finas de óxido de níquel foram avaliadas utilizando diferentes técnicas de caraterização, tais como:

> Difração de raios X (DRX), para caraterização estrutural, orientação cristalográfica e determinação do tamanho médio dos grãos. E o estudo das qualidades da superfície

> Espectroscopia no ultravioleta-visível para determinação da transmitância, do espaço ótico, do índice de refração, etc., das películas

> A caraterização eléctrica foi feita através da medição da condutividade eléctrica por

A média de quatro pontos

Na secção seguinte, será apresentada uma breve introdução a cada técnica de caraterização.

11.3.1: Difração de raios X (XRD):

A difração de raios X (XRD) é uma técnica de caraterização de materiais utilizada para determinar a qualidade cristalina, a composição química e a estrutura atómica de um material sólido. Os raios X são normalmente gerados pela aceleração de electrões num alvo metálico a vários KeV, o que faz com que os electrões do núcleo no alvo metálico sejam eliminados pelos electrões energizados. Quando os electrões da camada superior caem nas vacâncias da camada central, ocorre a emissão de raios X. Uma fonte de cobre é um dos alvos metálicos mais comuns. Estes raios X são designados por raios X característicos porque têm comprimentos de onda bem definidos que correspondem à diferença de energia entre as duas camadas do alvo metálico. Os raios X característicos são enviados em direção à amostra e fazem com que os átomos e os seus electrões dispersem os raios X [5].

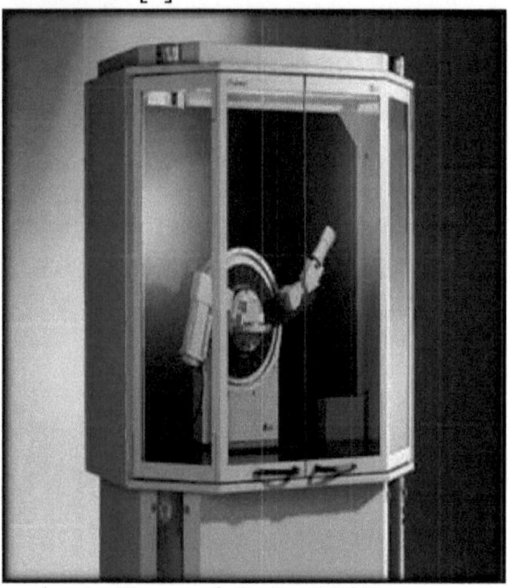

Figura II.10 *Difractómetro de raios X avançado Bruker D8 [6].*

Uma vez que os comprimentos de onda dos raios X (1-100A) são semelhantes em tamanho ao espaçamento interatómico (d_{hkl}) do material, as ondas difractam e espalham-se, recolhendo e transportando informações sobre os átomos individuais do material e a sua disposição. As amostras cristalinas, que possuem uma ordem de longo alcance na sua disposição atómica representada por estruturas cristalinas, são fáceis de medir porque se dispersam fortemente em determinadas direcções. O bloco de construção da amostra cristalina é a estrutura cristalina e a sua célula unitária. De acordo com a lei de Bragg, todas estas células unitárias dispersam os raios X na mesma direção e, se a diferença de comprimento de percurso $2d_{hkl}$ sin0 for igual a um múltiplo inteiro do comprimento de onda, ocorre interferência construtiva equação II.1.

$$n\lambda = 2d_{hkl}\sin\theta \qquad (\text{II.1})$$

Equação 1 - A lei de Bragg descreve em que ângulos e comprimentos de onda uma onda de raios X incidente causará interferência construtiva das ondas dispersas.

Onde :

- n é um número inteiro.

- λ é o comprimento de onda da onda incidente.

- d_{hkl} é o espaçamento entre os planos da rede atómica.

- θ é o ângulo entre a onda dispersa e o plano atómico [5].

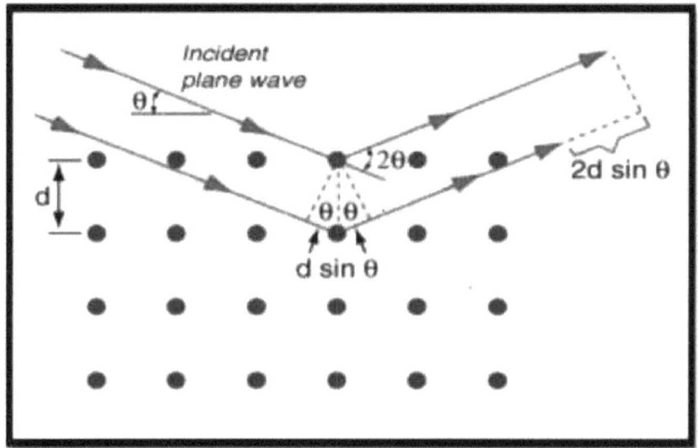

Figura II.11 Difração de Bragg [6].

De acordo com o (XRD), no caso das películas policristalinas, o (XRD) mostra vários picos em diferentes ângulos de difração e o padrão de difração, como mostra a figura (II-12 a).

O material monocristalino apresenta reflexões acentuadas (picos acentuados). Como se mostra na figura (II-12b).

Para o material de películas amorfas, a difração não apresenta quaisquer picos acentuados. Este facto pode ser simplesmente representado na figura (II-12c) [6].

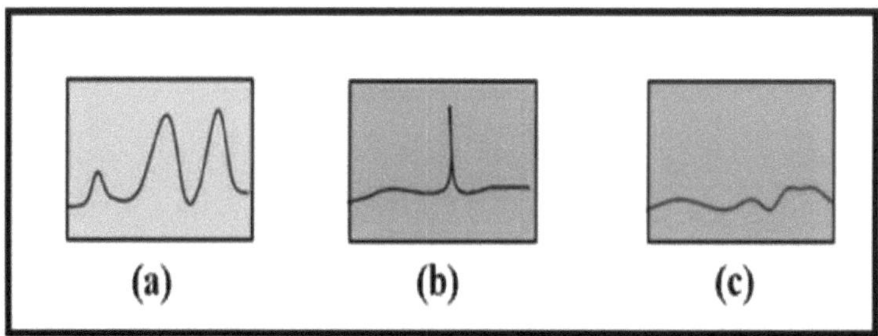

Figura II.12: (XRD) de semicondutores.

(a) Policristalino (b) Material simples (c) Material amorfo [7].

11.3.2. Medição da condutividade eléctrica:

A sonda de quatro pontos é um dispositivo muito versátil, amplamente utilizado para a investigação de fenómenos eléctricos. O efeito da resistência de contacto pode ser eliminado com a utilização desta configuração. Neste trabalho, foi adoptada a configuração em linha mais comum (ver figura II-13).

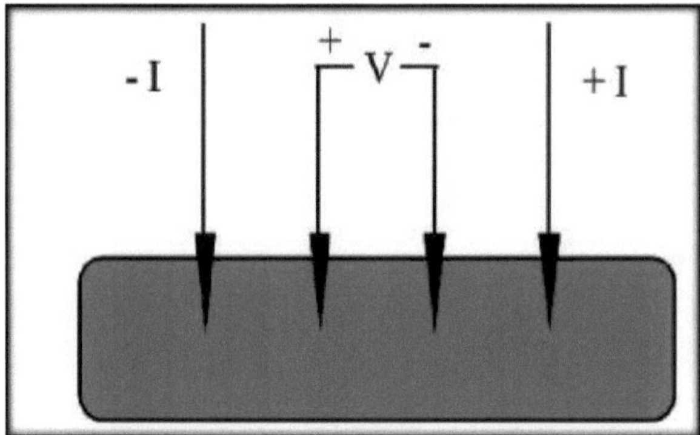

Figura II-13: *Esquema da configuração da sonda de quatro pontos em linha*

Na medição, as quatro pontas metálicas foram fixadas à amostra de ensaio. Foi utilizada uma fonte de corrente de alta impendência de I = 0,5 LIA para fornecer corrente através das duas sondas exteriores; um voltímetro mediu a tensão V através das duas sondas interiores. O espaçamento entre as sondas foi de 1 mm. Consequentemente, a resistência de folha da película é derivada da fórmula:

$$R_S = \frac{\pi}{Ln\,2} * \frac{V}{I} \qquad\qquad (\text{II}.2)$$

onde o fator n/ln2 é devido ao efeito da extensão da corrente. Se a espessura da película for conhecida, a resistividade é facilmente obtida a partir de

$$\rho = R_s * d \qquad\qquad (\text{II}.3)$$

em que d é a espessura da película. O valor médio de três medições foi adotado para reduzir o erro de medição [8].

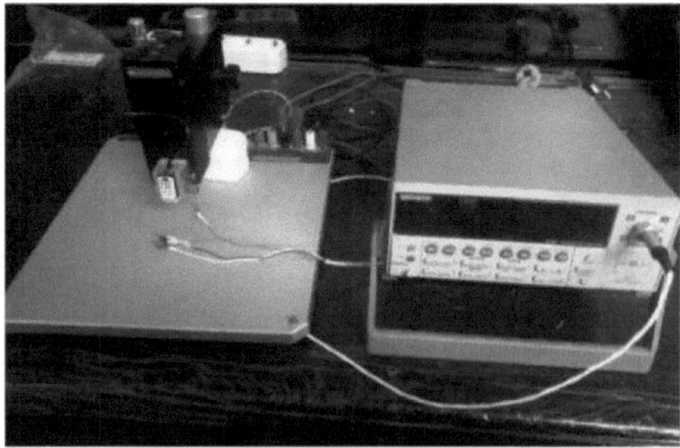

11.3.3.   Caracterização ótica
♦♦♦ Espectroscopia ultravioleta-visível

Espectroscopia ultravioleta-visível ou espetrofotometria ultravioleta-visível (UV- Vis ou UV/Vis): refere-se à espetroscopia de absorção ou à espetroscopia de reflexão na região espetral ultravioleta-visível. Isto significa que utiliza luz nas gamas do visível e adjacente (UV próximo e infravermelho próximo [NIR]). A absorção ou reflectância na gama do visível afecta diretamente a cor percebida dos produtos químicos envolvidos. Nesta região do espetro eletromagnético, as moléculas sofrem transições electrónicas. Esta técnica é complementar à espetroscopia de fluorescência, na medida em que a fluorescência trata das transições do estado excitado para o estado fundamental, enquanto a absorção mede as transições do estado fundamental para o estado excitado.

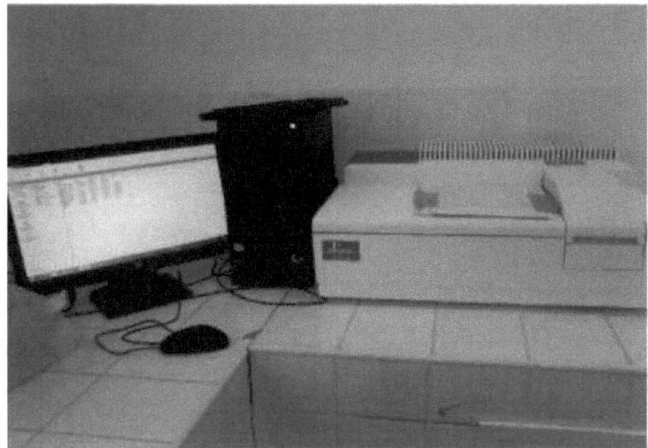

Figura II .15 Espectrofotómetro de ultravioleta-visível (LAMBDA 25).

Princípio de absorção do ultravioleta-visível

As moléculas que contêm π-electrões ou electrões não ligados (n-electrões) podem absorver a energia sob a forma de luz ultravioleta ou visível para excitar estes electrões para orbitais moleculares anti-ligação mais elevadas. Quanto mais facilmente os electrões forem excitados (ou seja, menor o intervalo de energia entre o HOMO e o LUMO), maior será o comprimento de onda da luz que pode absorver [9].

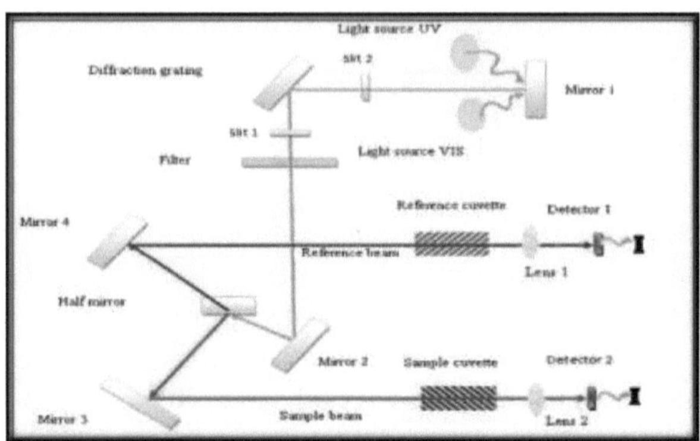

Figura II.16 *Princípio de funcionamento do UV-visível [10].*

11.4. Conclusão

Neste capítulo, estudámos o método sol-gel (spin coating) para a deposição de filmes finos de NiO e também descrevemos os passos de preparação da solução de NiO, citando os vários métodos de caraterização, tais como: XRD, A espetroscopia UV-VIS e caracterizações elétricas (a técnica dos quatro pontos).

Referências

[1] Md Moniruzzaman Sk, Chee Yoon Yue, Kalyan Ghosh, Rajeeb Kumar Jena "Review on Advances in Porous Nanostructured Nickel Oxides and their Composite Electrodes for High-Performance Supercapacitors" Journal of Power Sources 308 (2016)121-140.

[2] Y. L. Kavanagh B Sc, M "Thin Film Electroluminescent Displays Produced Using Sol-Gel Methods" Tese de doutoramento, Dublin City University 2004.

[3] S. Benramache "Elaboration et caracterisation descouchesmincesde ZnO dopees cobaltet indium" These de Doctorat Universite Mohamed Khider - Biskra 2012.

[4] H. Benzarouk "Synthese d'un oxyde transparent conducteur (OTC) parpulverisation chimique (ZnO, NiO)" Memoire DeMagisterUniversite BADJI MOKHTAR ANNABA 2008.

[5] ADAM Olzick "Deposição, caraterização e fabrico de um micro altifalante piezoelétrico de película fina de óxido de ZINCO utilizando pulverização catódica reactiva DC" Estes do Masterthe Faculdade da Califórnia San Luis Obispo 2012.

[6] A. M. Shano AL-Askari "Efeito da Molaridade da Solução Aquosa nas Propriedades Estruturais e Ópticas de Filmes Finos de Óxido de Níquel-Cobalto Preparados pelo Método de Pirólise por Pulverização Química" Estes MasterUniversity of DiyalaIraq 2012.

[7] Z. Qiao "Fabrication and Study of ITO Thin Films Prepared byMagnetron Sputtering" Tese de doutoramento, Universitat Duisburg-Essen, China, 2003

[8] S. Rami "Síntese, Caracterização e Propriedades Electroquímicas de Filmes Finos de Polianilina" Mestrado Universidade do Sul da Flórida 2015.

[9] Al. Boileau, Estes Doutoramento, 2013, Universite de Lorraine, França.

[10]   L. Wellington Rieth "Sputter Deposition of ZNO Thin Films" Tese de doutoramento, Universidade da Florida, 2001.

Capítulo III

Resultados e discussão

III.1. Introdução

O método Sol gel spin coating foi utilizado com sucesso para a deposição de filmes finos de óxido de níquel nanocristalino (NiO) em substrato de vidro de microscópio. As películas foram recozidas a 450°C - 600°C durante 2 h em ar e foram estudadas as alterações nas propriedades estruturais, eléctricas e ópticas.

No presente trabalho, estudamos o efeito da temperatura de recozimento nas propriedades estruturais e ópticas de filmes finos de NiO. As propriedades estruturais dos filmes de óxido de níquel foram estudadas através da difração de raios X (XRD Bruker AXS-8D) com radiação CuKa (X = 0,15406 nm) na gama de varrimento de (20) entre 20° e 55°. A transmitância ótica das películas depositadas foi medida na gama de 3001100 nm utilizando um espetrofotómetro de ultravioleta-visível (LAMBDA 25) e a resistência R foi medida numa estrutura coplanar obtida com a evaporação de quatro faixas douradas na superfície da película depositada; as medições foram efectuadas com o instrumento Keithley Model 2400 Low Voltage Source Meter. Todas as difracções de raios X, espectros de transmitância e medições eléctricas foram efectuadas à temperatura ambiente (RT).

Neste capítulo, estudámos o efeito das temperaturas de recozimento nas propriedades estruturais, ópticas e eléctricas de filmes finos de NiO. Os filmes foram elaborados em substrato de vidro utilizando a técnica Sol gel (spin coating) e recozidos a 450, 500, 550 e 600 °C durante 2 h ao ar.

III.2. propriedades estruturais:

A análise XRD foi efectuada para investigar as propriedades estruturais das películas finas de NiO depositadas em substratos de vidro a diferentes temperaturas de recozimento de 450, 500, 550 e 600 °C durante 2 h no ar. A Figura III.1 mostra os padrões de XRD para as películas de NiO preparadas, que foram medidas por difração de raios X de incidência rasante, em que o ângulo de incidência é de 0,02°. Como se pode ver, as películas apresentam picos de XRD a 37,2° e 43,3°, que correspondem aos planos cristalinos (111) e (200), respetivamente, da fase cúbica do NiO ((JCPDS) No. 73-1519) [1]. A partir dos padrões, a estrutura cristalina é cúbica, a orientação é aleatória, e a igualdade cristalina é gradualmente melhorada com o aumento da temperatura de recozimento.

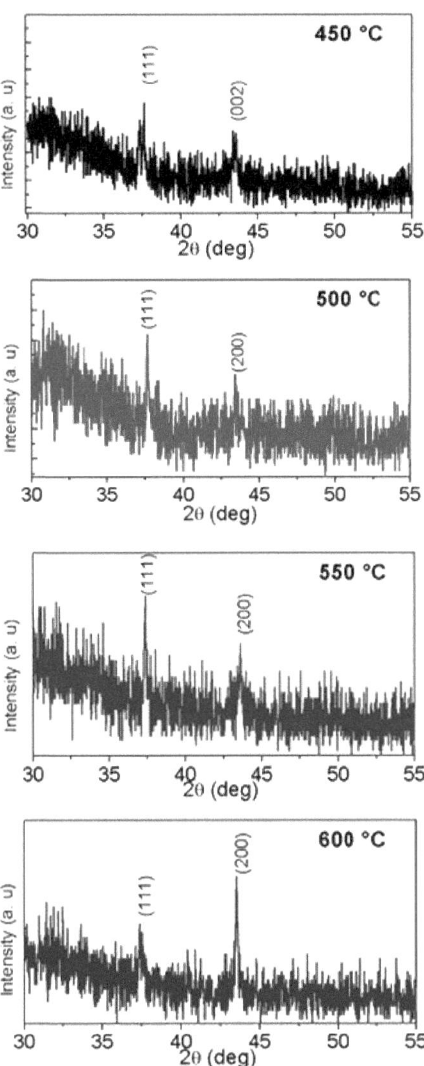

Figura III.1 Padrões de XRD das películas finas de NiO preparadas a diferentes temperaturas de recozimento.

Além disso, o coeficiente de textura (TC), que indica a orientação preferencial máxima das películas ao longo do plano de difração, significa que o aumento da orientação preferencial está associado ao aumento do número de grãos ao longo desse plano. Os valores de *TC(hkl)* foram calculados a partir de dados de raios X, utilizando a fórmula [2]:

$$TC(hkl) = \frac{I(hkl)/I_0(hkl)}{N^{-1}\sum_n I(hkl)/I_0(hkl)} \qquad (1)$$

em que $I(hkl)$ é a intensidade relativa medida de um plano (hkl), I_0 (hkl) é a intensidade padrão do plano (hkl) retirada da ficha JCPDS n.º 73-1519, N é o número de reflexão e n é o número de picos de difração. As evoluções dos valores de $TC(hkl)$ dos dois picos obtidos das películas foram mostradas na Figura III.2. Pode observar-se que o coeficiente de textura do pico (111) diminui com o aumento da temperatura de recozimento, atingindo o valor ótimo a 550 °C, o que indica que as películas têm uma orientação preferencial ao longo do plano (111). As películas recozidas a 600 °C mostram que o coeficiente de textura de (200) é o mais elevado, o que indica que as películas têm uma orientação preferencial ao longo do plano (200). Esta observação mostra que as películas têm uma elevada cristalinidade com temperaturas de recozimento elevadas. A qualidade cristalina das películas finas aumenta com o aumento da temperatura de recozimento.

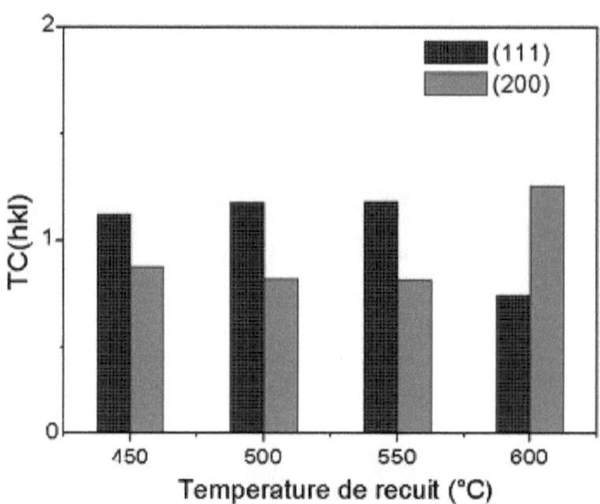

Figura III.2 *Variação do coeficiente de textura TC(hkl) dos picos (111) e (200) com as temperaturas de recozimento das películas finas de NiO.*

Os ângulos dos picos de difração das películas finas de NiO foram estimados nas Tabelas III.1 e III.2, e o parâmetro de rede desta película foi calculado a partir dos padrões de XRD utilizando a seguinte equação [3]:

$$d_{hkl} = \frac{a}{\sqrt{(h^2 + k^2 + l^2)}} \qquad (1)$$

Onde a é o parâmetro de rede, h, k e 1 são os índices de Miller dos planos e d_{hkl} é o espaçamento interplanar. As variações do parâmetro de rede são apresentadas nas Tabelas III.1 e III.2.

Os parâmetros da rede dependem do substrato. Este facto dá origem a um desfasamento entre o substrato e as películas finas depositadas. Este último é responsável pelas deformações e tensões resultantes. Estimámos os valores de deformação sXX em cada deposição de película fina através da fórmula [4]:

$$\varepsilon_{XX} = \frac{a - a_0}{a_0} \times 100 \ \%$$ (2)

em que $v_{,XX}$ é a deformação média nas películas finas de NiO (Tabela III.1 e III.2), a a constante de rede das películas finas de NiO e a_0 a constante de rede do volume (padrão $a_0 = 0, 41769$ nm).

Para calcular o tamanho do cristalito G dos picos de difração (111) e (200) em filmes de NiO a partir dos padrões XRD, utilizámos a equação de Scherer [5]:

$$G = \frac{0.9\lambda}{\beta \cos \theta}$$ (3)

em que G é o tamanho dos cristalitos, λ é o comprimento de onda dos raios X ($\lambda = 1{,}5406$ A°), в é a largura total a meio-máximo (FWHM) e θ é o ângulo do pico de difração. Os valores dos tamanhos dos cristalitos e da FWHM são ilustrados nas Tabelas III.1 e III.2. Note-se que a precisão experimental na leitura do ângulo 20 é de 0,02° de arco.

Na Figura III.3, apresentamos a variação da deformação principal em função da temperatura de recozimento para o pico de difração (200) das películas finas de NiO. Como se pode observar, o valor da deformação principal aumenta com o aumento da temperatura de recozimento de 450 para 500 °C, diminuindo para um valor mínimo obtido a 550 °C. A diminuição do valor da deformação principal da película fina de NiO pode indicar uma melhoria da cristalinidade das películas finas de NiO.

As tabelas III.1 e III.2 mostram a caraterização estrutural de acordo com os picos de difração (111) e (200) em função da temperatura de recozimento.

Tabela III.1 *Os parâmetros estruturais da película fina de NiO em função da temperatura de recozimento para o pico de difração (111).*

Temperatura do circuito °C	2d (graus)	/Hdeg)	G (nm)	a (nm)	" (%)
450	37,62	0,189	44,41	4,137936366	-3,8963634
500	37,62	0,184	45,61	4,137936366	-3,8963634
550	37,36	0,179	46,85	4,165695265	-1,1204735
600	37,36	0,191	44,14	4,165695265	-1,1204735

Tabela III.2 *Parâmetros estruturais da película fina de NiO em função da temperatura de recozimento para o pico de difração (200).*

Temperatura do circuito °C	2d (graus)	/Hdeg)	G (nm)	a (nm)	(%)
450	43,58	0,23	37,19	4,150258233	-2,6641767

500	43,4	0,22	38,86	4,166635158	-1,0264842
550	43,58	0,21	40,74	4,150258233	-2,6641767
600	43,52	0,17	50,32	4,155701746	-2,1198254

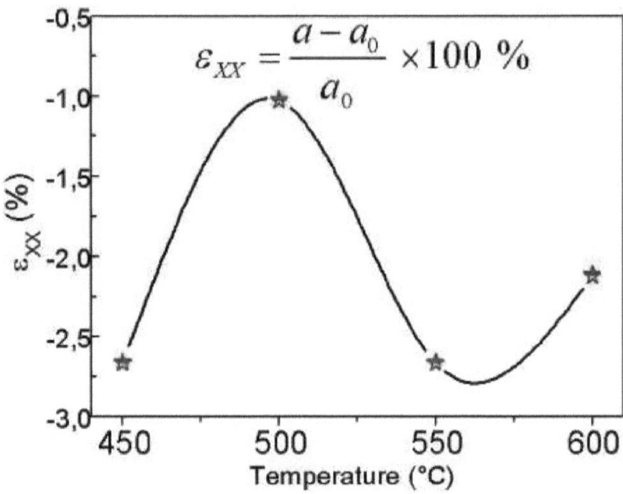

Figura III.3 *Variação da deformação principal dos picos de difração (200) em função das temperaturas de recozimento das películas finas de NiO.*

Na Figura III.4, apresentamos a variação do tamanho dos cristalitos de acordo com os picos de difração (111) e (200) em função das temperaturas de recozimento dos filmes finos de NiO. Como se pode ver, os tamanhos dos cristalitos variaram entre 37 e 52 nm (ver Tabela III.1 e III.2). A aproximação dos tamanhos dos cristalitos dos planos (111) é mais elevada do que a dos planos (200) para temperaturas de recozimento inferiores a 550 °C, como se pode ver, os tamanhos dos cristalitos dos planos (111) e (200) aumentam com o aumento da temperatura do substrato de 450 para 550 °C. No entanto, os tamanhos dos cristalitos dos planos (200) são mais elevados do que os dos planos (111) a uma temperatura de 600 °C. Por outro lado, pode notar-se que os valores óptimos do tamanho médio dos cristalitos das películas de NiO em consideração são observados a partir de 550 °C de temperatura de recozimento. O aumento do tamanho do cristalito foi indicado pelo aumento da cristalinidade e da orientação do *eixo a* das películas finas de NiO, estes fenómenos foram observados com [6-9].

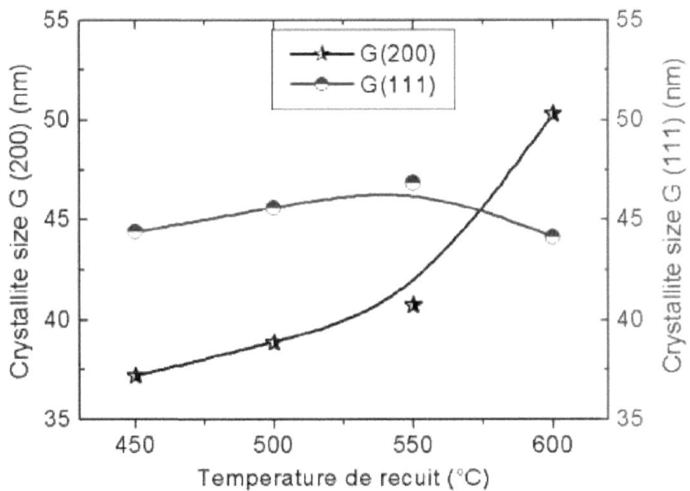

Figura III.4 *Variação do tamanho dos cristalitos G segundo os picos de difração (111) e (200) em função das temperaturas de recozimento das películas finas de NiO.*

Tabela III.3 *A densidade de deslocação (5) da película fina de NiO de acordo com os picos de difração (111) e (200) em função das temperaturas de recozimento das películas finas de NiO.*

Temperatura de recirculação °C A deslocação""^^^	450	500	550	600
$\delta_{(111)}.10^{-4}$	5.0715	4.80676	4.55608	5.13325
$\delta_{(200)}.10^{-4}$	7.22698	6.6205	6.02476	3.94985

A densidade de deslocação (s), definida como o comprimento das linhas de deslocação por unidade de volume, foi estimada utilizando a equação [10,11]

$$\delta = \frac{1}{G^2}$$ (3)

5 é a medida da quantidade de defeitos num cristal. À primeira vista, podemos ver que os valores de 5 dependem da temperatura de recozimento (ver Tabela III.3), na Figura III.5 apresentamos a variação da densidade de deslocação 5 de acordo com os picos de difração (111) e (200), o que indica que o efeito da temperatura de recozimento na cristalização dos filmes finos de NiO pode ser observado a 600 °C.

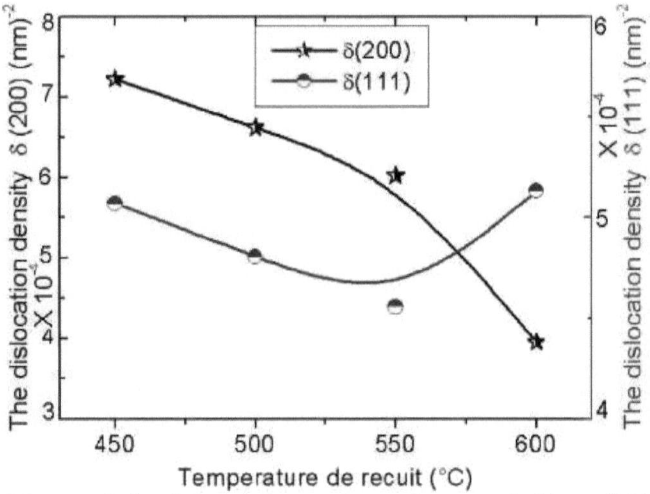

Figura III.5 Variação da densidade de deslocações 5, segundo os picos de difração (111) e (200) em função das temperaturas de recozimento das películas finas de NiO.

111.3. Propriedades ópticas:

A transmissão ótica das películas de NiO foi determinada a partir da medição da transmissão na gama de 300-1100 nm. A Figura III.6 mostra a transmissão ótica das películas finas de NiO, as películas finas foram depositadas pela técnica de sol gel spin coating a diferentes temperaturas de recozimento, para os comprimentos de onda mais longos (z > 400 nm) todas as películas se tornam transparentes, verifica-se que todas as películas recozidas mostram uma transmissão ótica elevada, cerca de 70 a 90 %, na região do visível. A transmitância ótica destas películas aumentou com o aumento das temperaturas de recozimento até 500 °C e diminuiu com 550 e 600 °C.

Como se pode ver claramente na Figura III.6, o bordo de absorção UV foi deslocado para azul com o aumento da temperatura de recozimento, indicando um alargamento do intervalo de banda [12]. Nesta região, a transmitância diminuiu devido ao início do bordo de absorção fundamental. Verificámos que o efeito da temperatura é claramente observado na qualidade da camada.

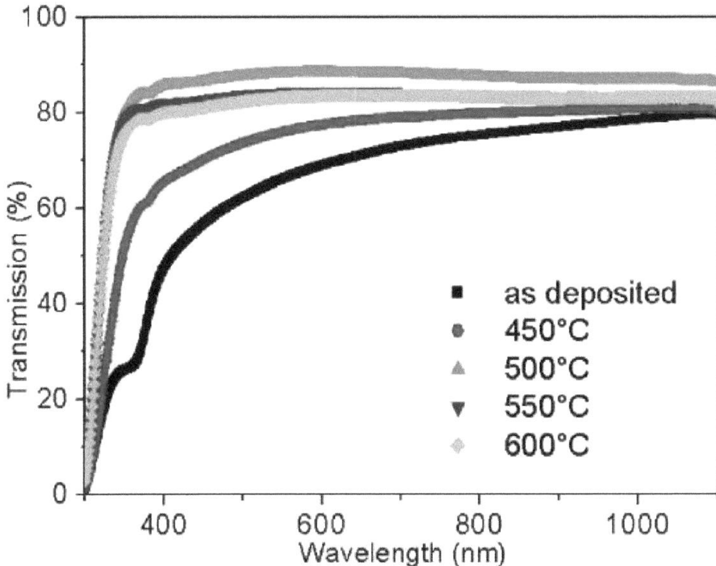

Figura III.6 *Variação dos espectros de transmitância (T) com o comprimento de onda (k) da película fina de NiO recozida a diferentes temperaturas.*

Com base nos espectros de transmitância da Figura III.6, o intervalo de banda ótica E_g foi obtido extrapolando a parte linear do gráfico $(Ahv)^1$ versus (hv) para A = 0 (ver Figura III.7) [13], de acordo com a seguinte equação [14,15]:

$$A = \alpha\, d = -\ln T \tag{4}$$

$$(Ah\upsilon)^2 = C(h\upsilon - E_g) \tag{5}$$

em que A é a absorvância, d é a espessura da película; T é o espetro de transmissão das películas finas; a é o valor do coeficiente de absorção; C é uma constante, hv é a energia do fotão e E_g a energia do intervalo de banda do semicondutor.

Os gráficos de $(Ahv)^2$ versus (hv) são apresentados na Figura III.7. A Figura III.7 mostra o gráfico de $(Ah\,v)^2$ versus $(h\,v)$ da película fina de NiO para diferentes temperaturas de recozimento de 450°C - 600°C, que foi empregue para estimar o intervalo de energia ótica na gama de 300 a 400 nm [16].

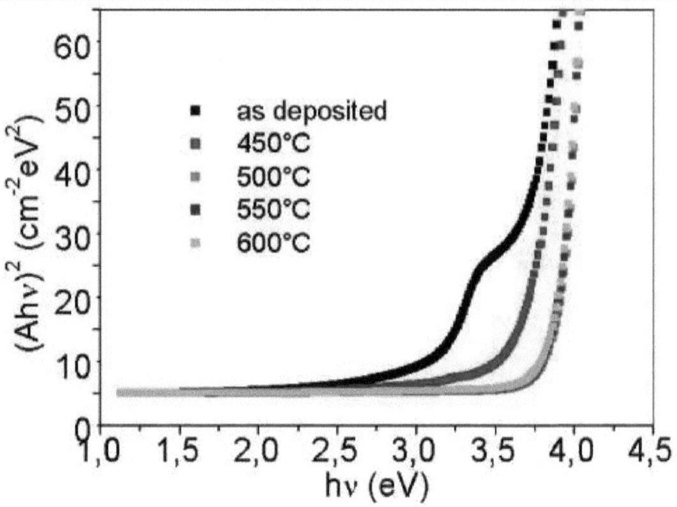

Figura III. 7 Gráfico de (Ah v)² versus (hv) da película fina de NiO para diferentes

Por outro lado, utilizámos a energia de Urbach (E_u), que está relacionada com a desordem na rede de filmes, tal como é expressa a seguir [17]:

$$A = A_0 \exp\left(\frac{h\upsilon}{E_u}\right) \tag{6}$$

onde A_0 é uma constante $h\upsilon$ é a energia do fotão e E_u é a energia de Urbach, é apresentada na Tabela III.4. A Figura III.7 mostra o traçado de LnA *em* função da energia do fotão *h v* para deduzir a energia de Urbach.

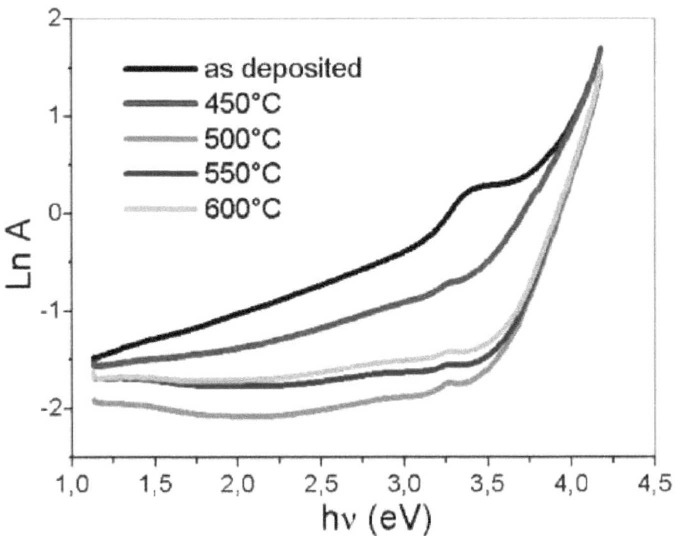

Figura III.8 Gráfico de (LnA) versus (hv) da película fina de NiO para diferentes temperaturas de recozimento.

Tabela III.4 Variação da energia de banda ótica E_g e da energia de Urbach das películas finas de NiO com diferentes temperaturas de recozimento.

Temperaturas de recozimento (°C)	Energia de desfasamento ótico E_g (eV)	Energia de Urbach E_u (meV)
Como depositado	3,101	454,976
450	3,536	339,311
500	3,855	191,036
550	3,847	206,179
600	3,854	180,756

A Figura III.9 mostra a variação da energia do gap ótico E_g e da energia de Urbach dos filmes finos de NiO em função da temperatura de recozimento. Obtivemos aumentos do intervalo ótico com a temperatura de recozimento (ver Tabela III.4), o que pode ser atribuído ao raio iónico semelhante entre o O e o Ni. O intervalo de banda é largo devido ao aumento da largura da cauda de transição e ao efeito de deslocamento, tal como referido na literatura [18,19]. A diminuição da energia de Urbach é atribuída à diminuição dos defeitos, que está relacionada com a desordem na rede da película, e é expressa como na literatura

[20-22]. Verificámos que o intervalo ótico e a transparência das películas são afectados pela temperatura de recozimento.

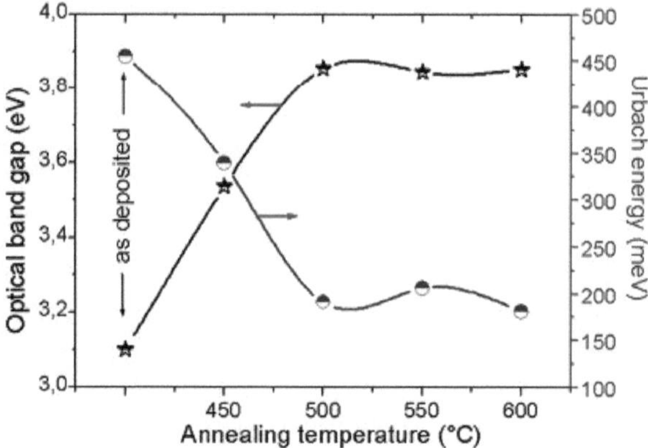

Figura III.9 *Variação do band gap ótico e da energia de Urbache dos filmes finos de NiO com e sem temperaturas de recozimento.*

111.4. Propriedades eléctricas:
111.4.1. Resistência da folha

A sonda de quatro pontos é preferida para a medição da resistência da folha (R_{sh}); na técnica de sonda linear de quatro pontos, a corrente (I) é aplicada entre os dois cabos exteriores e a diferença de potencial (V) é medida através das duas sondas interiores [23]. Uma vez que as resistências de contacto e de propagação das sondas de tensão são negligenciáveis, pode obter-se uma estimativa bastante precisa de R_{sh} utilizando a seguinte relação: em que I é a corrente aplicada e V é a tensão de medição. Na configuração acima referida, foi aplicado um fator de correção de 4,532 para a amostra 2 cm x 1 cm) com sondas igualmente espaçadas (2 cm). A Tabela III.5 e a Figura III.10 apresentam os valores de resistência de folha R_{sh} das películas finas de NiO não dopadas em função das temperaturas de recozimento; como se pode ver, os valores *de R_{sh}* das películas finas de NiO diminuíram após a temperatura de recozimento de 450 °C, após este ponto o valor mínimo foi obtido a 550 °C. Isto significa que a resistência de folha mais baixa tem a condutividade eléctrica mais elevada.

$$R_{sh} = \frac{\pi}{\ln(2)} \frac{V}{I} \qquad (6)$$

A diminuição da resistência de folha a 550 °C é influenciada pela difusão de oxigénio com alta cristalinidade, o que pode ser explicado pela diminuição das barreiras de potencial, esta interpretação é consistente com os autores [24-26], que obtiveram resultados semelhantes. Este comportamento deve-se ao aumento do tamanho dos cristalitos e à diminuição dos defeitos na morfologia da superfície dos filmes finos de NiO. O que se deve a um aumento dos sítios regulares dos átomos de Zn na rede dos filmes, que pode ser atribuído a defeitos intrínsecos do doador, tais como vacâncias do doador e intersticiais de Ni, pode também ser devido ao aumento da mobilidade dos electrões.

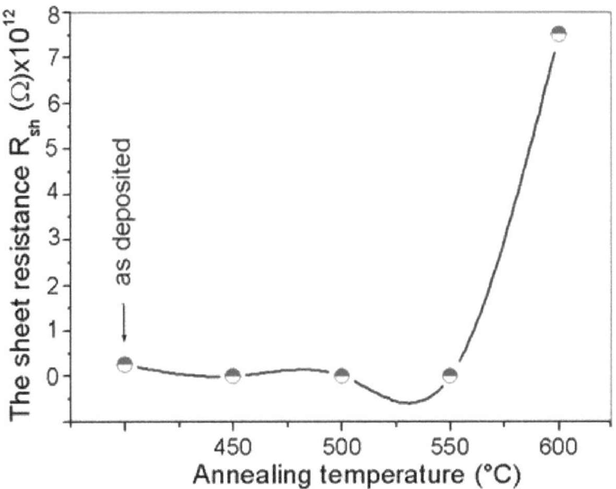

Figura III.10 Figura de mérito das películas finas de NiO com diferentes temperaturas de recozimento.

III.4.2. Figura de mérito

Em muitas aplicações que requerem películas condutoras transparentes, a transmissão ótica e a condutividade eléctrica devem ser tão elevadas quanto possível. Isto é particularmente importante para as aplicações fotovoltaicas, porque uma transmissão ótica elevada na região visível aumenta a corrente fotogerada. O desempenho dos condutores transparentes é frequentemente avaliado através de figuras de mérito FOM (Q-1) que incorporam parâmetros eléctricos e ópticos [27-29]. A figura de mérito é calculada utilizando a fórmula de Haacke [30]:

$$FOM = \frac{T^{10}}{R_{sh}} \tag{6}$$

em que T é a transmitância e Rsh é a resistência da folha.

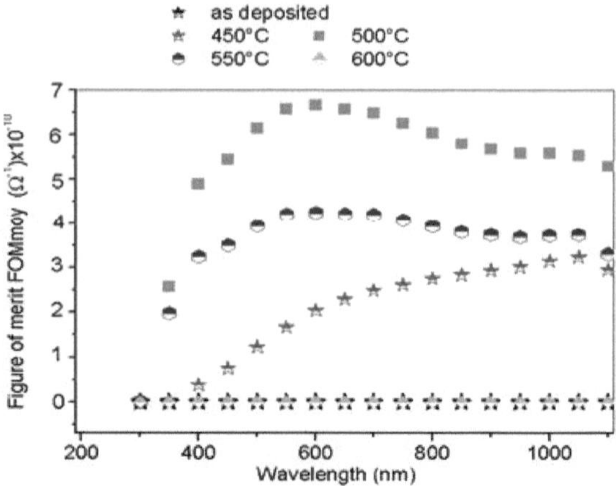

Figura III.11 *Figura de mérito das películas finas de NiO com diferentes temperaturas de recozimento.*

A variação dos valores calculados de FOM das películas finas de NiO em função das temperaturas de recozimento é apresentada na Figura III.11. Tanto a transmitância como a resistividade foram significativamente afectadas pelas temperaturas de recozimento. A figura de mérito foi utilizada para determinar as temperaturas a que as películas apresentam as melhores condições para a sua utilização em aplicações fotovoltaicas. Os valores calculados da figura de mérito em função da espessura para diferentes comprimentos de onda foram listados na Tabela III.5, enquanto os gráficos da figura de mérito para filmes finos de NiO foram mostrados na Figura III.11. Observámos que, neste estudo, foi obtido um aumento dos valores da figura de mérito na região do visível com os valores acima mencionados, enquanto que o valor máximo da figura de mérito média igual a $3,118 \times 10^{-11}$ (Ω^{-1}) foi alcançado a 500 °C.

Tabela III.5 *Variação dos valores da resistência de folha e da figura de mérito dos filmes finos de NiO com diferentes temperaturas de recozimento.*

Temperaturas de recozimento (°C)	R_{sh} (Ω)	Figura de mérito FOM$_{moy}$ $(\Omega)^{1}$
Como depositado	2,5832E+11	2,44193E-14
450	379555000	1,7341E-11
500	433259200	3,118E-11
550	430540000	1,9429E-11
600	7,5095E+12	1,11E-15

III.5. Conclusão

Em conclusão, foram depositadas películas finas de NiO condutoras altamente transparentes num substrato de vidro pelo método Sol gel spin coating. Foi investigada a influência da temperatura de recozimento nas propriedades estruturais, ópticas e eléctricas. As análises DRX indicaram que as películas de ZnO têm uma natureza policristalina e uma fase cúbica de NiO com orientação preferencial (111) e (200) correspondente a películas de NiO foram observadas a alta temperatura. Os valores óptimos do tamanho médio dos cristais das películas de ZnO em consideração são observados a partir de 550 °C de temperatura de recozimento. O aumento do tamanho do cristalito foi indicado pelo aumento da cristalinidade sob a orientação do *eixo a do* NiO. Todas as películas recozidas exibem uma transparência ótica média de cerca de 80 %, na gama do visível. A deslocação da transmitância ótica para comprimentos de onda mais elevados pode ser demonstrada pelo aumento da energia do intervalo de banda de 3,536 para 3,854 eV com o aumento da temperatura de recozimento de 450 para 600 °C. A energia de Urbach observada nas películas finas de ZnO diminui de 339,311 para 180,756 meV. A boa condutividade eléctrica foi encontrada a 550 °C.

Referências

[1] Vikas Patil, Shailesh Pawar, Manik Chougule, Prasad Godse, Ratnakar Sakhare, Shashwati Sen, Pradeep Joshi, Journal of Surface Engineered Materials and Advanced Technology, 2011, 1, 35-41.

[2] A. Boukhachem, R. Boughalmi, M. Karyaoui, A. Mhamdi, R. Chtourou, K. Boubaker, M. Amlouk, Materials Science and Engineering B 188 (2014) 72-77.

[3] Kyung Ho Kim, Chiaki Takahashi, Yoshio Abe, Midori Kawamura, Optik 125 (2014) 2899-2901.

[4] M. Mekhnache, A. Drici, L.S. Hamideche, H. Benzarouk, A. Amara, L. Cattin, J.C. Bernede, M. Guerioune, Superlattices and Microstructures 49 (2011) 510518.

[5] A.A. Al-Ghamdi, Waleed E. Mahmoud, S.J. Yaghmour, F.M. Al-Marzouki, Journal of Alloys and Compounds 486 (2009) 9-13.

[6] I. Sta, M. Jlassi, M. Hajji, H. Ezzaouia, Thin Solid Films 555 (2014) 131-137.

[7] N. Wang, C.Q. Liu, B. Wen, H.L. Wang, S.M. Liu, W.P. Chai, Materials Letters 122 (2014) 269-272.

[8] S. Kerli, U. Alver, H. Yaykas, Applied Surface Science 318 (2014) 164-167.

[9] Yi-Mu Lee, Chun-Hung Lai, Solid-State Electronics 53 (2009) 1116-1125.

[10] M. El-Kemary, N. Nagy, I. El-Mehasseb, Mater. Sci. Semic. Proc. 16 (2013) 1747-1755.

[11] S. Srirama, R. Chandiramouli, D. Balamurugan, K. Ravichandran, A. Thayumanavan, J. Atomic Mol. Sci. 4 (2013) 336.

[12] I. Sta, M. Jlassi, M. Kandyla, M. Hajji, P. Koralli, R. Allagui, M. Kompitsas, H. Ezzaouia, Journal of Alloys and Compounds 626 (2015) 87-92.

[13] Shweta Moghe, A.D. Acharya, Richa Panda, S.B. Shrivastava, Mohan Gangrade, T. Shripathi, V. Ganesan, Renewable Energy 46 (2012) 43e48.

[14] Nasrin Talebian, Maryam Kheiri, Solid State Sciences 27 (2014) 79e83.

[15] S.R. Nalage, M.A. Chougule, Shashwati Sen, P.B. Joshi, V.B. Patil, Thin Solid Films 520 (2012) 4835-4840.

[16] Amir M. Soleimanpour, Yue Hou, Ahalapitiya H. Jayatissa, Sensors and Actuators B 182 (2013) 125-133.

[17] W. Daranfed, M.S. Aida, A. Hafdallah, H. Lekiket, Thin Solid Films 518 (2009) 1082-1084.

[18] R. Romero, R.L. Ibanez, E.A. Dalchiele, J.R. Ramos-Barrado, F. Martin, D. Leinen, J. Phys. D: Appl. Phys. 43 (2010). 095303-9.

[19] Boubaker Benhaoua, Achour Rahal, Said Benramache, Superlattices and Microstructures 68 (2014) 38-47.

[20] S. Benramache, B. Benhaoua, Superlattice Microstruct. 52 (2012) 1062-1070.

[21] S. Benramache, B. Benhaoua, F. Chabane, F.Z. Lemadi, J. Semiconduct. 34 (2013). 023001-4.

[22] S. Benramache, A. Rahal, B. Benhaoua, Optik 125 (2014) 663-666.

[23] A. Benhaoua, A. Rahal, B. Benhaoua, M. Jlassi, Efeito da dopagem de flúor nas propriedades estruturais, ópticas e elétricas de filmes finos de SnO2 preparados por spray ultra-sônico, Superlattices Microstruct. 70 (2014) 61-69.

[24] Wen Guo, K.N. Hui, K.S. Hui, Materials Letters 92 (2013) 291-295.

[25] M. Jlassi, I. Sta, M. Hajji, H. Ezzaouia, Ciência dos Materiais no Processamento de Semicondutores 21 (2014) 7-13.

[26] R.K. Gupta, A.A. Hendi, M. Cavas, Ahmed A. Al-Ghamdi, Omar A. Al-Hartomy, R.H. Aloraini, F. El-Tantawy, F. Yakuphanoglu, Physica E 56 (2014) 288-295.

[27] N. Manjula, K. Usharani, A.R. Balu, V.S. Nagarethinam, Estudos sobre as propriedades físicas de três filmes finos de TCO potencialmente importantes fabricados por uma técnica de pulverização simplificada sob as mesmas condições de deposição, Int. J. ChemTech Res. 6 (2014) 705- 718.

[28] T.C. Hauger, A. Zeberoff, B.J. Worfolk, A.L. Elias, K.D. Harris, Análise em tempo real da resistência, da transmissão e da figura de mérito de condutores transparentes sob tensão de estiramento, Sol. Energy Mater. Sol. Cells 124 (2014) 247-255.

[29] A.R. Babar, S.S. Shinde, A.V. Moholkar, C.H. Bhosale, K.Y. Rajpure, Propriedades estruturais e optoelectrónicas de películas finas pulverizadas de

Sb: SnO2 pulverizadas: efeitos da temperatura do substrato e da distância entre o bocal e o substrato, J. Semiconduct. 32 (2011) 1-9.

[30]   G. Haacke, Nova figura de mérito para condutores transparentes, J. Appl. Phys. 47 (1976) 4086-4089

Conclusão geral

Os compostos de hidróxido de níquel são amplamente utilizados como cátodos em pilhas alcalinas primárias e secundárias. Existem várias formas diferentes de hidróxido de níquel, cada uma delas diferindo na estrutura cristalina e na composição. As variantes importantes do hidróxido de níquel são designadas por в-NiOOH, 0-Ni(OH)2, Y-NiOOH e a-Ni(OH)2. Nos últimos anos, tem-se verificado um grande interesse na investigação de películas nanocristalinas de NiO. O NiO é um candidato promissor para a produção de películas condutoras semitransparentes do tipo p, com uma estrutura cúbica simples e uma energia de banda larga de 3,6 a 4,0 eV. As características mais atraentes do NiO são: excelente durabilidade, estabilidade eletroquímica, baixo custo do material, material promissor de armazenamento de iões em termos de estabilidade cíclica, densidade ótica de grande amplitude e possibilidade de fabrico através de uma variedade de técnicas. De entre estas, neste trabalho iremos focar-nos mais particularmente na técnica sol-gel devido à sua simplicidade e adequação para produção em larga escala; tem várias vantagens na produção de filmes finos nanocristalinos, tais como, composição relativamente homogénea com microestrutura fina e porosa, uma deposição simples em substrato de vidro. É possível alterar as propriedades mecânicas, eléctricas, ópticas e magnéticas das nanoestruturas de NiO.

Neste trabalho, estudámos o método sol-gel (spin coating) para a deposição de filmes finos de NiO e também descrevemos os passos de preparação da solução de NiO, citando os vários métodos de caraterização, tais como: XRD, A espetroscopia UV-VIS e caracterizações elétricas (a técnica dos quatro pontos).

Em conclusão, foram depositadas películas finas de NiO condutoras altamente transparentes num substrato de vidro pelo método Sol gel spin coating. Foi investigada a influência da temperatura de recozimento nas propriedades estruturais, ópticas e eléctricas. As análises DRX indicaram que as películas de ZnO têm uma natureza policristalina e uma fase cúbica de NiO com orientação preferencial (111) e (200) correspondente a películas de NiO foram observadas a alta temperatura. Os valores óptimos do tamanho médio dos cristais das películas de ZnO em consideração são observados a partir de 550 °C de temperatura de recozimento. O aumento do tamanho do cristalito foi indicado pelo aumento da cristalinidade sob a orientação do *eixo a do* NiO. Todas as películas recozidas exibem uma transparência ótica média de cerca de 80 %, na gama do visível. A deslocação da transmitância ótica para comprimentos de onda mais elevados pode ser demonstrada pelo aumento da energia do intervalo de banda de 3,536 para 3,854 eV com o aumento da temperatura de recozimento de 450 para 600 °C. A energia Urbach observada nas películas finas de ZnO diminui de 339,311 para 180,756 meV. A boa condutividade eléctrica foi encontrada a 550 °C.

Printed by Books on Demand GmbH, Norderstedt / Germany